物联网技术
在智能配电网中的应用

> 刘韶林　主编

U0260781

中国电力出版社
CHINA ELECTRIC POWER PRESS

内容提要

本书依托河南鹤壁物联网应用示范工程,结合我国物联网应用最新技术和产品发展,介绍了物联网技术在智能配电网中的应用。

本书共分 6 章,第 1 章介绍了物联网的基本概念、体系架构和相关传感器,第 2 章阐述了智能配电网、主动配电网、配电自动化等相关知识,第 3 章介绍了电力物联网关键技术和工程应用情况,第 4 章介绍了新型物联网传感器技术,第 5 章阐述了面向配电网运行与降损的物联网技术,第 6 章回顾和总结了河南鹤壁物联网应用示范工程建设方案和工程建设成效。

本书可供电网企业从事配电网规划、建设以及智能化改造的工程技术人员学习借鉴,也可供大专院校广大师生阅读参考。

图书在版编目(CIP)数据

物联网技术在智能配电网中的应用 / 刘韶林主编 . —北京:中国电力出版社,2019.4 (2019.11重印)

ISBN 978-7-5198-0494-7

Ⅰ . ①物… Ⅱ . ①刘… Ⅲ . ①互联网络-应用-智能控制-配电系统

Ⅳ . ①TM727-39

中国版本图书馆 CIP 数据核字(2018)第 295222 号

出版发行:中国电力出版社
地　　址:北京市东城区北京站西街 19 号(邮政编码 100005)
网　　址:http://www.cepp.sgcc.com.cn
责任编辑:易　攀　罗翠兰
责任校对:黄　蓓　常燕昆
装帧设计:张俊霞
责任印制:石　雷

印　　刷:三河市万龙印装有限公司
版　　次:2019 年 4 月第一版
印　　次:2019 年 11 月北京第二次印刷
开　　本:710 毫米×1000 毫米　16 开本
印　　张:8.75
字　　数:130 千字
印　　数:1501—3000 册
定　　价:42.00 元

《物联网技术在智能配电网中的应用》
编 委 会

主　编　刘韶林

副主编　高东学　周凤珍

参　编　张景超　宋宁希　刘　娜　梅林常

　　　　　夏传鲲　侯金华　冯沁萍　杨　帆

　　　　　高梵清　孙　芊　李晓蕾　陈上吉

　　　　　王忠强　王于波　庞振江　郭祥富

　　　　　赵子昂　杨　霄　李　奎　陈　楷

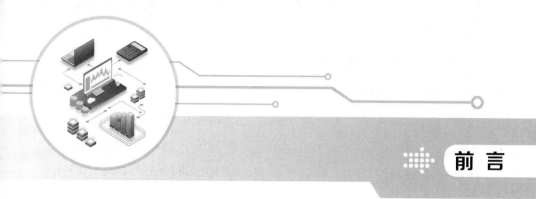

物联网技术的蓬勃发展为各个行业的状态感知和监测提供了新的技术手段。据统计，2015 年，我国物联网产业规模超过 7500 亿元。预计到 2020 年，我国物联网产业规模将超过 15000 亿元。随着《关于推进物联网有序健康发展的指导意见》《关于物联网发展的十个专项行动计划》《中国制造 2025》等多项政策不断出台，物联网技术发展已经成为推动经济社会智能化和可持续发展的重要力量。

物联网技术在电力系统中的应用形成了电力物联网。电力物联网是在电力生产、输送、消费、管理各环节，广泛部署具有一定感知能力、计算能力和执行能力的各种智能感知设备，通过电力信息通信网络，可实现信息安全可靠传输、协同处理、统一服务及应用集成，从而实现电网运行及企业管理全过程的全景全息感知、互联互通及无缝整合。在输电环节，物联网技术已应用于线路状态监测、线路环境监测、雷电定位、智能巡检等场景；在变电环节，物联网技术已应用于变电环境监测、设备状态监测、变电站安全防护等场景；在配电环节，物联网技术已应用于线路状态监测、设备状态监测、线路故障定位及报警等场景。在智能用电、清洁能源接入等领域，物联网技术的应用可以实现科学用电，达到节能降耗、经济高效的目的。在"三网"融合、电动汽车等领域，物联网技术应用可以加速构建以智能电网为基础的社会公共服务平台。

本书依托河南鹤壁物联网应用示范工程，结合我国物联网应用最新技术和产品发展，介绍了物联网技术在智能配电网中的应用。本书共分 6 章，第 1 章介绍了物联网的基本概念、体系架构和相关传感器，第 2

章阐述了智能配电网、主动配电网、配电自动化等相关知识，第 3 章介绍了电力物联网关键技术和工程应用情况，第 4 章介绍了新型物联网传感器技术，第 5 章阐述了面向配电网运行与降损的物联网技术，第 6 章回顾和总结了河南鹤壁物联网应用示范工程建设方案和工程建设成效。

在本书的编制过程中，得到了许多专家和学者的大力支持和帮助，在此一并表示感谢！

由于编者水平有限，书中难免存在疏漏或不妥之处，恳请读者批评指正。

编　者

2018 年 10 月

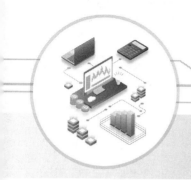

目 录

第1章

物联网技术基础

1.1 物联网概述

1.1.1 定义

物联网（the Internet of Things，IOT）概念最早于 1999 年由美国麻省理工学院提出。早期的物联网是指依托射频识别（Radio Frequency IDentification，RFID）技术和设备，按约定的通信协议与互联网相结合，实现物品信息互联、可交换和共享而形成的网络。

工业和信息化部电信研究院 2011 年发布的《物联网白皮书》，对物联网的内涵给出了阐述：物联网是通信网和互联网的拓展应用和网络延伸，它利用感知技术与智能装置对物理世界进行感知识别，通过网络传输互联，进行计算、处理和知识挖掘，实现人与物、物与物之间的信息交互和无缝链接，达到对物理世界实时控制、精确管理和科学决策的目的。

1.1.2 发展历程

国际上，物联网研究的代表国家（地区）主要有美国、欧洲、日本和韩国。2004 年，日本信息通信产业的主管机关总务省（MIC）提出 U-Japan 战略，希望在 2010 年将日本建设成一个 "Anytime，Anywhere，Anything，Anyone" 都可以上网的环境；2005 年 11 月 17 日，在突尼斯举行的信息社会世界峰会（WSIS）上，国际电信联盟（ITU）发布了《ITU 互联网报告 2005：互联网》，提出了 "物联网" 的新概念；2006 年，韩国提出了为期 10 年的 U-Korea 计划。

随后，一些发达国家纷纷将物联网作为新兴产业，出台战略措施予以落实。2009 年 1 月，IBM 提出 "智慧地球" 的概念，随即上升至为美国国家战略。同时，美国计划全面推行电子产品编码标准体系，力图主导全球物联网的发展。在技术上，美国在物联网的很多关键技术上取得领先地位，如射频识别技术、无线传感网络、传感器开发等。

欧洲联盟（欧盟）第一个系统提出物联网发展和管理计划。2009 年 6 月，欧盟委员会向欧盟议会提交了《欧盟互联网行动计划》，以确保欧洲在构建物联网的过程中起主导作用。2007～2013 年，欧盟投入研发经费 532 亿欧元，以推动欧洲最重要的第七期欧盟科研架构（EU-FP7）研究补助计划。

在日本和韩国，物联网的发展也得到了积极地支持和推广。日本大力发展泛在网络，建立泛在识别（UID）的物联网标准体系。2009 年 7 月，日本提出 I-Japan 战略，强化了物联网在交通、医疗、教育和环境监测等领域的应用。2009 年 10 月，韩国通信委员会出台《物联网基础设施构建基本计划》，将物联网市场确定为新增长动力。发展物联网成为各国重要发展战略。

全球物联网市场规模不断扩大，联网设备高速增长。2013～2018 年全球物联网市场规模及预测如图 1-1 所示。保守估计到 2018 年年底，全球物联网市场规模将超过千亿美元，联网设备年均复合增长率将保持在 31%以上，见图 1-2。

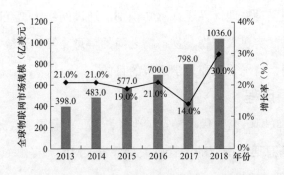

图 1-1   2013～2018 年全球物联网市场规模及预测（数据来源：IC Insights）

■ 全球物联网市场规模（亿美元）；—◆— 增长率（%）

我国就物联网发展也做出了多项国家政策及规划，推进物联网产业体系不断完善。《物联网"十二五"发展规划》《关于推进物联网有序健康发展的指导意见》《关于物联网发展的十个专项行动计划》，以及《中国制造 2025》等多项

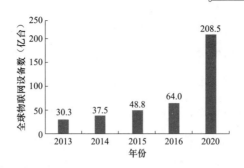

图1-2 2013～2020年物联网联网设备数量（数据来源：Gartner）

政策不断出台，并指出"掌握物联网关键核心技术，基本形成安全可控、具有国际竞争力的物联网产业体系，成为推动经济社会智能化和可持续发展的重要力量。"在物联网发展热潮以及相关政策推动下，我国物联网产业持续保持在23%以上的增长速度。2015年，我国物联网产业规模已经超过7500亿元。预计到2020年，我国物联网产业规模将超过15000亿元。

1.1.3 国外内应用情况

1.1.3.1 国外应用情况

国外电力物联网应用主要在智能电表、电力设备管理和新能源接入等方面（见表1-1）。

表1-1　　　　　　　　　国外电力物联网典型应用及其特点

国外电力物联网应用	应 用 特 点	代表国家或地区
智能电表自动计量	支持居民用电设备的分时分线统计和显示； 支持双向计费和双向交互服务； 集成智能家居控制终端功能； 大范围普及和装备	美国、英国、德国、荷兰、日本等
RFID与电网生产	与传感器感知共同实现状态监测、身份辨识、位置定位； 基于RFID的资产管理	美国
新能源并网接入	小型太阳能发电支持入网双向计量； 风电可根据微气象预测发电功率； 风电机组故障可实现远程监控，并合理安排维修检查	美国、欧盟、日本等

智能电表在全球主要发达区域普及率较高。2013年，美国1/3的居民使用智能电表，高峰时用电量减少了20%～30%；平均停电时间缩短了20%。荷兰试点以智能电表为主的能量管理系统，监测家庭内的能源消耗总量并详细记录

每个电器用电量与开关时长。住户可以通过电脑及智能手机远程查看家里所有电器及燃气设备的工作情况,调用能量消耗账单并能远程开启或关闭这些设备。

电力设备管理方面,美国得克萨斯电网公司在电网设备上加装 RFID 标签和传感器,在发生故障时根据传感器节点和 RFID 标签自动感知和汇报故障位置,并且自动路由,10s 之内就可恢复供电。通过在配电线杆上加贴 RFID 标签,使用一体化 RFID 读取器,同时获取位置和设备状态数据,制订合理检修计划,提升巡检效率。

物联网为风能、太阳能等新能源的并网接入和监控提供支撑。德国的光伏出力已经超过系统负荷的 50%。IBM 公司提出高精度清洁能源发电预测解决方案,帮助解决风电和光伏发电等新能源发电出力不稳定、预测不精确、并网运行时对电网冲击大等问题。通过安装气象监测装置,获取气象信息,建立高精度天气预测模型,对监测区域内风速、风向、气压、温度等进行快速准确统计分析,预测风能发电功率和光伏发电功率,保障安全接入。

1.1.3.2 国内应用情况

国家电网有限公司(简称国家电网公司)较早开展了物联网技术在电网中的研究和应用,在中国电力科学研究院、国网电力科学研究院等研究机构中组建了专业的物联网研究部门,从事技术研究、产品研发和产业孵化工作,承担了多项国家级重大项目和示范工程,制订了多项物联网企业标准,并积极参与国家和国际标准制定工作。2012～2013 年,国家电网公司分别在辽宁、宁夏、河南、福建等地选取变电、配电、机房管理、计量监测等业务开展物联网示范工程建设,如表 1-2 所示。

表 1-2   国家电网公司物联网示范工程

应用场景	实施范围	建 设 内 容
变电站智能化管理	辽宁渤海 500kV 变电站	在变电站现场安装基于统一信息模型的传感设备和采集终端,并通过光纤网络,基于统一传输规约将数据汇聚至数据中心,建设统一数据服务。 主要实施内容包括:变电站现场无线微气象传感器、无线雨量传感器、无线环境温湿度传感器、无线避雷器泄漏电流传感器、智能锁具、无线水浸传感器、无线红外点阵列温度传感器的现场安装,以及变电站内部的骨干节点部署和传感网络搭建;变电站内部的汇聚网关部署;信息机房服务器部署、数据服务搭建

续表

应用场景	实施范围	建 设 内 容
变电站智能化管理	银川东±660kV换流站	在变电站现场安装基于统一信息模型的传感设备和采集终端,并通过光纤网络,基于统一传输规约将数据汇聚至数据中心,建设统一数据服务和统一应用服务。 主要实施内容包括:变电站现场金属标签、普通标签、手持设备、无线智能锁具与温湿度传感器、无线设备温度传感器、无线温湿度传感器、电容器形变与温度传感器、门式阅读器、无线水浸传感器、高清网络摄像头的安装以及变电站内部的骨干节点部署和传感网络搭建;变电站内部的汇聚网关部署;信息机房服务器部署、数据服务与应用服务搭建
配电线路状态监测与预警	玉皇阁一、二回线	在配网安装传感器,实现配网设施的状态、故障及防盗在线监测。主要监测的配网设施包括配网线路、配电变压器、环网柜、开闭所、电缆井、电缆沟等。 主要实施内容包括:安装基于统一信息模型的无线设备温度传感器、无线红外点阵温度传感器、无线水浸传感器、无线故障电流传感器、无线门磁传感器、无线温湿度传感器,并根据现场情况安装骨干节点,组成无线传感网络
绿色机房管理	辽宁省电力有限公司通信机房	在机房内部安装传感器,实现机房的能耗在线监测、设备状态监测。 主要实施内容包括:安装基于统一信息模型的无线温湿度传感器、无线红外点阵温度传感器、10A穿芯能耗计量传感器、50A穿芯能耗计量传感器、100A穿芯能耗计量传感器,部署骨干节点,安装汇聚网关,搭建基于统一通信规约的通信网络

总体分析,国家电网公司的物联网应用具有以下特征:

(1)自上而下推动,由公司总部主导,协调各分子公司、各部门统筹开展物联网顶层设计,制定物联网发展规划,并以系统内的科研单位为牵头研究单位;

(2)重视物联网应用试点,领域覆盖广泛,以输电、变电、配电等生产业务为主。公司总部发布物联网应用方向指导,省公司提出试点申请,公司总部安排落实试点并在科技创新和资金方面给予支持;

(3)对物联网技术、产品和应用进行纵向贯通、统筹规划,从整体提高物联网应用水平,在"技术驱动业务创新,业务引领技术发展"方面取得成功应用实践;

(4)物联网研究和应用以智能电网为主线,为"三集五大"(大规划、大建设、大运行、大检修、大营销)体系服务;

(5)注重新概念研究探索,例如对能源互联网的研究和应用,在物联网应用的基础上进行了延伸，从各个层次对能源互联网的新技术、新业务进行规划和研究。

1.2 物联网体系架构

1.2.1 感知层

感知层的主要功能是识别物体和采集信息，与人体结构中皮肤和五官的作用类似。通过运用智能传感器技术、身份识别以及其他信息采集技术，对物品进行基础信息采集，同时接收上层网络送来的控制信息，完成相应执行动作。感知层分为数据采集与执行、短距离无线通信两个部分。

1.2.2 网络层

网络层是物联网的神经系统，主要进行信息的传递，包括接入网和核心网。网络层借助于已有的广域网络通信系统，把感知层感知到的信息快速、可靠、安全地传送到各个地方，使物品能够进行远距离、大范围的通信。

1.2.3 应用层

应用层实现物联网的信息处理和应用。应用层面向各类应用，实现信息的存储、数据的挖掘、应用的决策等，涉及海量信息的智能处理、分布式计算、中间件、信息等多种技术。感知层和网络层将物品的信息大范围地收集起来，汇总在应用层进行统一分析、决策，用于支撑跨行业、跨应用、跨系统之间的信息协同、共享、互通，提高信息的综合利用度。

1.3 物联网标准体系

根据物联网技术与应用密切相关的特点，按照物联网技术基础标准、总体标准和共性标准，引用现有标准、裁剪现有标准或制定新规范，形成了包括体系架构和参考模型、数据采集、短距离传输和自组织组网、协同信息处理和服务支持、承载网、服务支持、行业应用、共性技术的标准体系（如图1-3所示）。为今后物联网产品研发和应用开发中对标准的采用提供重要支持。

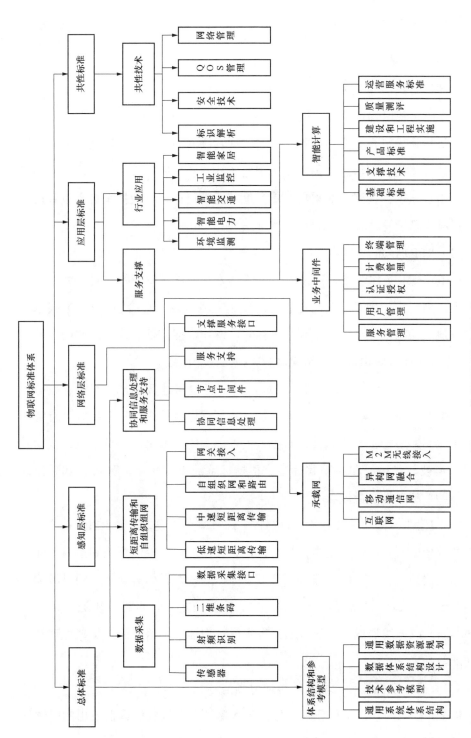

图 1-3 物联网标准体系架构

1.4 传感器

1.4.1 定义

传感器是指能感受被测量并按照一定规律转换成可用输出信号的器件或装置，其作用是利用物理效应、化学效应、生物效应，把被测的物理量、化学量、生物量等转换成符合需要的电量。它是实现物联网的基础。传感器技术也可以称为信息采集技术。信息采集主要采用电子标签和传感器等方式完成。在传感器技术中，电子标签用于对采集的信息进行标准化标识，数据采集和设备控制通过射频识别读写器、二维码识读器等实现。

（1）RFID 技术。

RFID 技术又称射频识别技术，可通过无线电讯号识别特定目标并读写相关数据，而无须识别系统与特定目标之间建立机械或光学接触。RFID 技术可识别高速运动物体并可同时识别多个标签，操作快捷方便，是物联网的关键技术之一。RFID 一般由标签、阅读器和天线三部分组成。

1）标签：由耦合元件及芯片组成，具有存储与计算功能，可附着或植入手机、护照、身份证、人体、动物、物品和票据等物体中，每个标签具有唯一的电子编码，用于唯一标识目标对象。根据标签的能量来源，可以分为被动式标签、半被动式标签和主动式标签。根据标签的工作频率，又可将其分为低频、高频、超高频和微波。

2）阅读器：读取（有时还可以写入）标签信息的设备，是 RFID 系统信息控制和处理中心。阅读器通常由耦合模块、收发模块、控制模块和接口单元组成。阅读器和应答器之间一般采用半双工通信方式进行信息交换，同时阅读器通过耦合给无源应答器提供能量和时序。实际应用中，可进一步通过以太网（Ethernet）或无线局域网（WLAN）等实现对物体识别信息的采集、处理及远程传送等功能。

3）天线：在标签和读取器间传递射频信号。

RFID 技术的基本工作原理：标签进入磁场后，接收解读器发出的射频信号，凭借感应电流所获得的能量发送出存储在芯片中的产品信息，或者由标签主动发送某一频率的信号，解读器读取信息并解码后，送至中央信息系统进行有关数据处理。

（2）移动终端。

移动终端是物联网中连接感知层和网络层，实现数据采集并向网络层发送数据的设备。它担负着数据采集、初步处理、加密、传输等多种功能。物联网移动终端基本由外围感知（传感）接口、中央处理模块和外部通信接口三个部分组成，通过外围感知接口与传感设备连接，如 RFID 读卡器、红外感应器、环境传感器等，将这些传感设备的数据进行读取并通过中央处理模块处理后，按照网络协议，通过外部通信接口发送到以太网的指定中心处理平台。移动终端属于物联网中的关键设备，通过终端的转换和采集，才能将各种外部感知数据汇集和处理，并将数据通过各种网络接口传输到互联网中。如果没有终端的存在，传感数据将无法送到指定位置，"物"的联网将不复存在。

（3）纳米技术。

纳米技术也称为毫微技术，是研究结构尺寸在 1～100nm 范围内材料的性质和应用的一种技术。1981 年扫描隧道显微镜发明后，诞生了一门以 1～100nm 长度为研究的分子世界，它的最终目标是直接以原子或分子来构造具有特定功能的产品。因此，纳米技术其实就是一种用单个原子、分子制造物质的技术。纳米技术在物联网技术中的应用主要体现在 RFID 设备、传感器微小化设计、加工材料和微纳米加工技术上。

1.4.2 传感器的组成

传感器一般由敏感元件、转换元件、信号调理电路三部分组成，有时需要加辅助电源，其组成原理如图 1-4 所示。

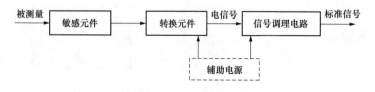

图 1-4 传感器组成示意图

敏感元件是用来感受被测量并将其预先变换为另一种形式的物理量的器件，如应变式压力传感器的弹性膜片就是敏感元件。

转换元件是指将经过预变换的非电信号转换为电信号的器件。实现被测信号到电信号的变换，一般是经过敏感元件和转换元件两次变换实现的，但并不是所有的传感器都必须经历两次变换，有的传感器将敏感元件和转换元件合二为一，一次变换就可以实现被测信号到电信号的转换，例如，压电晶体、热电偶、热敏电阻等。

信号调理电路是将转换元件输出的电信号放大或处理成便于显示、记录、控制、传输信号的器件。另外，信号调理电路还可以对传感器内部和外部电路起缓冲、匹配和补偿作用。

传感器的能量供应模块通常由微型电池与电源控制电路组成，为传感器模块、处理器模块、无线通信模块提供运行所需要的能量。现阶段，物联网中的各传感节点基本都采用纽扣电池供电。虽说节点功耗都很低，纽扣电池可用一到两年甚至更长时间，但是这给节点的维护和节点在恶劣环境下的生存带来了麻烦和挑战。因此无线充电技术作为物联网传感器节点供电技术新的发展方向，可以使传感器彻底摆脱电源线和电池的束缚，适应任何环境，并且真正做到无需维护、无人值守。

1.4.3　常用物联网传感器

物联网传感器早已渗透到工业生产、智能家居、医学诊断、生物工程、资源调查、环境保护、海洋探测、宇宙开发，甚至文物保护等各个领域。几乎每一个现代化项目，都离不开各种各样的传感器。常用的物联网传感器包括距离传感器、光电传感器、温湿度传感器、烟雾传感器、心率传感器、角速度传感器、红外传感器等。

（1）距离传感器。距离传感器根据测距时发出的脉冲信号不同，可以分为光学和超声波两种。两者的原理类似，都是通过向被测物体发送脉冲信号，接收反射，然后根据时差、角度差和脉冲速度计算出被测物体的距离。距离传感器被广泛应用于手机和各种智能灯具中，根据用户在使用过程中的不同距离产生不同的变化。

（2）光电传感器。光电传感器是利用光电效应，通过光敏材料将环境光线的强弱转换为电信号。根据不同材质的光敏材料，光电传感器有各种不同的划分和敏感度。光电传感器主要应用于对电子产品的环境光强监测。

（3）温度传感器。温度传感器从使用的角度可分为接触式和非接触式两类，前者是让温度传感器直接与待测物体接触，通过温敏元件感知被测物体温度的变化；后者是使温度传感器与待测物体保持一定的距离，检测从待测物体放射出的红外线强弱，从而计算出温度的高低。无温度传感器如图 1-5 所示，属于接触式传感器，在数据传输方面采用 Zigbee、WiFi 等通信方式，应用前景广泛。

（4）湿度传感器。湿度传感器主要应用于环境湿度检测，湿敏元件是其核心部分。湿敏元件主要有电阻式、电容式两大类。湿敏电阻的特点是在基片上覆盖一层用感湿材料制成的膜，当空气中的水蒸气吸附在感湿膜上时，元件的电阻率和电阻值都发生变化，利用这一特性即可测量湿度。

湿敏电容一般是用高分子薄膜电容制成的，常用的高分子材料有聚苯乙烯、聚酰亚胺、酪酸醋酸纤维等。当环境湿度发生改变时，湿敏电容的介电常数发生变化，使其电容量也发生变化，其电容变化量与相对湿度成正比。无线温湿度传感器如图 1-6 所示。

图 1-5　无线温度传感器

图 1-6　无线温湿度传感器

（5）烟雾传感器。根据探测原理的不同，烟雾传感器可分为电化学探测和光学探测两种。电化学探测利用放射性镅 241 元素在电离状态下产生的正、负离子，在电场作用下定向运动产生稳定的电压和电流。一旦有烟雾进入传感器，影响了正、负离子的正常运动，电压和电流就产生了相应变化，通过计算即可判断烟雾的强弱。

光学探测通过光敏材料，正常情况下光线能完全照射在光敏材料上，产生稳定的电压和电流。而一旦有烟雾进入传感器，则会影响光线的正常照射，从而产生波动的电压和电流，通过计算判断出烟雾的强弱。烟雾传感器主要应用在火情报警和安全探测等领域。

（6）心率传感器。常用的心率传感器主要利用特定波长的红外线对血液变化的敏感性原理。由于心脏的周期性跳动，引起被测血管中的血液在流速和容积上发生规律性变化，经过信号的降噪和放大处理，计算出当前的心跳次数。

值得一提的是，根据不同人的肤色深浅不同，同一款心律传感器发出的红外线穿透皮肤和经皮肤反射的强弱也不同，造成了测量结果存在一定的误差。通常情况下，人的肤色越深，红外线从血管反射回来就越难，从而对测量误差的影响就越大。

心律传感器主要应用在各种可穿戴设备和智能医疗器械上。

（7）角速度传感器。角速度传感器亦称陀螺仪，它基于角动量守恒的原理设计。一般的角速度传感器由一个位于轴心且可旋转的转子构成，通过转子的旋转和角动量的改变反应物体的运动方向和相对位置信息。单轴的角速度传感器只能测量单一方向的改变，因此一般的系统要测量 X、Y、Z 轴三个方向的改变，就需要三个单轴的角速度传感器。通用的一个三轴角速度传感器就能替代三个单轴的，而且还有体积小、质量轻、结构简单、可靠性好等诸多优点。角速度传感器被广泛应用在导航定位、虚拟现实等领域。

（8）红外传感器。红外传感器用于通过发射和检测红外线感知周围环境特征辐射，并能由此检测物体运动。红外线传感器常用于无接触温度测量，气体成分分析和无损探伤，在医学、军事、空间技术和环境工程等领域得到广泛应用。例如采用红外线传感器远距离测量人体表面温度的热像图，可以发现温度异常的部位，及时对疾病进行诊断治疗；利用人造卫星上的红外线传感器对地球云层进行监视，可实现大范围的天气预报；采用红外线传感器检测正在运行的发动机的过热情况等。

（9）加速度传感器。加速度传感器是一种能够测量加速度的传感器。通常由质量块、阻尼器、弹性元件、敏感元件和适调电路等部分组成。加速度传感器可应用在控制、手柄振动和摇晃、仪器仪表、汽车制动启动检测、地震检测等方面。根据传感器敏感元件的不同，常见的加速度传感器包括电容式、电感式、应变式、压阻式和压电式等。

除了上述提到的传感器，物联网中常见的传感器还有气压传感器、气敏传感器以及指纹传感器等。它们的工作原理虽然各有不同，但最基本的原理都是通过光波、声波、特殊材料以及化学原理将待测量转化为电量信息，然后根据特定的领域在一般原理的基础上进行升级和扩展。在电力物联网中，常用的无线门磁传感器、无线杆塔倾斜传感器、无线水浸传感器如图1-7~图1-9所示。

图1-7 无线门磁传感器

图1-8 无线杆塔倾斜传感器

图1-9 无线水浸传感器

1.4.4　传感器在物联网中的重要性

物联网是一个智能网络，传感器则是其不可或缺的重要组成部分。在物联网的架构中，传感器处于整个物联网系统最底层即感知层，是信息采集的窗口，所有控制系统获取一切数据信息的唯一方式和手段，同时也是大数据、云计算、智慧城市等实现的基础技术与核心。传感器在物联网中的重要性主要体现在以下几个方面：

（1）传感器数据准确性与实时性决定了物联网的应用价值。

物联网的应用层要对传感器节点传送的感知数据进行处理。假设网络层能够按照应用层的需求，正确、及时地将感知数据传送到应用层，那么应用层数据处理时的计算精度与数据挖掘结论的准确性将取决于感知数据的质量。如果传感器数据不准确或实时性不强，那么无论数据挖掘算法如何先进，也不可能得出正确的结论。因此，传感器数据的准确性与实时性决定了物联网系统的实际应用价值。

（2）传感器节点的分布范围决定了物联网的覆盖能力。

如果需要设计一个无线传感器网络来监测某一区域可能发生的山体滑坡问题，那么就需要在最关心的山体部位的岩石、土层上安装无线传感器节点。显然，我们只能获得安装了无线传感器节点区域的山体数据，没有安装无线传感器节点区域的数据则无法获得。对于一个用于监测机场边界入侵的无线传感器网络，如果有一段边界无线传感器网络无法监测，那么人或动物通过这一段边界进入时，我们也不能从无线传感器网络中得到报告。因此，传感器节点的分布范围决定了物联网的覆盖能力。

（3）传感器节点的生存能力决定了物联网的生命周期。

物联网的感知层是由 RFID、各种传感器与测控设备组成。对于大量应用于智能环保、智能安防、智能农业的无线传感器网络技术，能否大规模应用直接取决于每一个无线传感器节点的造价，因此无线传感器节点结构必须简单和小型化。这种设计思路带来的问题是：小型化、低造价，可以在野外设置的无线传感器节点只能携带很小的电池。电源能量直接限制着无线传感器节点的功能与生存时间。尽管研究人员设法从硬件、软件等各个方面降低节点的能耗，

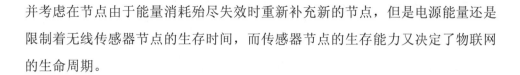

并考虑在节点由于能量消耗殆尽失效时重新补充新的节点，但是电源能量还是限制着无线传感器节点的生存时间，而传感器节点的生存能力又决定了物联网的生命周期。

1.5 无线通信技术

1.5.1 常用的无线通信技术

（1）微功率无线通信。微功率无线通信通过微功率无线电通信模块（发射功率低于50mW）发射和接收信息，无需布线，具有通信可靠性高、网络稳定、通信速度高、实时性强等优点。

国家电网有限公司提出覆盖频段为471M～489MHz的微功率无线数据传输协议（Micro-Power Wireless Data Transmission Protocol，MPWDTP），用于智能电网中的无线自动抄表的环境，以实现统一标准下更大单点覆盖范围内的用户用电信息收集。MPWDTP协议规定了电力用户用电信息采集系统用微功率无线网络的组网功能、协议层次、空中帧结构、参数配置和必要算法等，适用于用电信息采集系统在本地通信时，采用微功率无线的组网方式情况下的集中器通信单元与电能表通信单元、采集器通信单元之间的数据交换。MPWDTP协议结构基于标准的开放式系统互联（OSI）七层模型，定义了物理层、MAC层、网络层和应用层。每一层为上面的层执行一组特定的服务，其中数据实体提供了数据传输服务，管理实体提供所有其他服务。

（2）射频无线通信。射频无线通信（RFID）即射频识别技术，俗称电子标签，是一种非接触式的自动识别技术，通过射频信号自动识别目标对象并获取相关数据，无须人工干预，可识别高速运动物体并可同时识别多个标签，操作快捷方便，储存的信息量也非常大。

蓝牙（BlueTooth）是一种无线数据与语音通信的开放性全球规范，其实质内容是为固定设备或移动设备之间的通信环境建立通用的近距无线接口，将通信技术与计算机技术进一步结合起来，使各种设备在没有电线或电缆相互连接的情况下，能在近距离范围内实现相互通信或操作。

ZigBee名字来源于蜂群使用的赖以生存和发展的通信方式，蜜蜂通过跳

ZigZag 形状的舞蹈来分享新发现的食物位置、距离和方向等信息。ZigBee 是一种短距离、低功耗的无线通信技术。其主要应用于短距离范围之内并且数据传输速率不高的各种电子设备之间。ZigBee 协议比 BlueTooth、高速率个人区域网 802.11x 或无线局域网更简单实用。它使用 2.4GHz 波段，采用跳频技术。与 BlueTooth 相比，ZigBee 更简单、速率更慢、功率及费用也更低，可以更好地支持游戏、消费电子、仪器和家庭自动化应用。

无线传感网（Wireless Sensor Network，WSN）是由部署在监测区域内大量的廉价微型传感器节点组成，通过无线通信方式形成的一个自组织的网络系统，目的是协作感知、采集和处理网络覆盖区域中被感知对象的信息，并发送给观察者。传感器、感知对象和观察者构成了无线传感器网络的三个要素。WSN 包括众多类型的传感器，可探测包括地震、电磁、温度、湿度、噪声、光强度、压力、土壤成分、移动物体的大小、速度和方向等多种信息。

NFC（Near Field Communication）是一种类似于 RFID 的短距离无线通信技术标准。NFC 最初仅仅是遥控识别和网络技术的合并，但现在已发展成无线连接技术。它能快速自动地建立无线网络，为蜂窝设备、BlueTooth 设备等提供一个虚拟连接，使电子设备可以在短距离范围进行通讯。NFC 的短距离交互大大简化了整个认证识别过程，使电子设备间互相访问更直接、更安全和更清楚。通过在单一设备上组合所有的身份识别应用和服务，帮助解决记忆多个密码的麻烦，也保证了数据的安全。

无线保真（Wireless Fidelity，WiFi），作为一种在百米内支持互联网接入的重要技术，与蓝牙同属短距离无线技术。WiFi 网架结构是在有线宽带网络基础上，配备无线网卡和一台 AP（Access Point），即"无线访问接入点"或"桥接器"。通过配置多个接入点 AP 形成一个连续覆盖区域，实现移动漫游。

（3）电力线宽带通信。电力线宽带通信（Broadband over Power Line，BPL），兴起于 20 世纪 90 年代初，是指带宽限定在 2M～30MHz 之间、通信速率在 1Mbit/s 以上的电力线载波通信。宽带电力线通信技术无须重新布线，只要利用现有的配电网，再加上一些电力线通信局端、中继、终端设备以及附属装置，即可将原有的电力线网络变成电力线通信网络，原有的电源插座变为信息插座。终端用户只需插上电源插头，就可以接入因特网，收看电视频道节目，打电话或可视电话。近年来随着数字通信技术的发展，宽带电力线载波通信已成为当前通信研究领域的一个热点。宽带电力载波技术具有高速、抗噪声、传输距离长、覆盖率高等诸多优点，是近年来开始商用的一种新兴电力载波技术，其主要采用正交频分复用技术（Orthogonal Frequency Division Multiplexing，OFDM）、多载波调制 DMT（Discrete Multi Tone）等调制技术，通过电力线路构建高速因特网，可完成数据、语音和视频等多业务的承载，最终实现"多网合一"。是智能电网的主要承载技术之一。

（4）移动通信技术。移动通信技术（Mobile Communication Technology）是指通信双方或至少有一方在移动中进行信息传输和交换的技术，具有较强的灵活性、强大的兼容性、高度自组织自适应性及传递信息的及时性，是最前沿的领域之一。移动通信发展至今的历史分为五个阶段：早期起步阶段、早期发展阶段、改进完善阶段、蓬勃发展阶段和数字化成熟阶段。同时现代的移动通信技术也可分为第一、第二、第三、第四、第五代。

（5）卫星通信。卫星通信，简单的说就是地球上（包括地面、水面和低层大气中）的无线电通信站之间利用人造卫星作为中继站转发或反射无线电波，以此来实现两个或多个地球站之间通信的一种通信方式。它是一种无线通信方式，可以承载多种通信业务，是当今社会重要的通信手段之一。卫星通信系统一般由空间系统、通信地球站、跟踪遥测指令系统和监控管理系统等四部分组成。卫星通信的优点包括覆盖区域大、通信距离远、通信成本与通信距离无关、便于实现多址连接、组网方式灵活、通信容量较大等。卫星通信的缺点包括设备复杂、存在时延、需要解决星蚀及空间干扰等问题。

1.5.2 应用场景

微功率无线通信技术主要用于智能电网中的无线自动抄表环境，以实现统一标准下，更大单点覆盖范围内的用户用电信息采集。电力线宽带载波通信芯片速率达到 200 Mbit/s，在负荷电力线上传输速率达到 10 Mbit/s 以上，是传统的电力线窄带载波抄表、RS-485 布线抄表和短距离无线抄表速率的上千倍，是实施电力用户用电信息采集系统的最佳本地通信方式之一，也是智能电网最后一公里（低压端）双向互动的理想通信平台。

蓝牙技术广泛地应用于无线医疗监护、电力抄表、智能交通和智能家居控制等多种领域，ZigBee技术能在工业监控、传感器网络、家庭监控、安全系统和玩具等领域应用。基于微机电系统（Micro-Electro-Mechanical System，MEMS）的微传感技术和无线联网技术为WSN赋予了广阔的应用前景。

移动通信技术和卫星通信的应用范围很广，涉及长途电话、传真、电视广播、计算机联网、电视会议、电话会议、交互型远程教育、医疗数据、应急业务、新闻广播、交通信息、船舶、飞机的航行数据及军事通信等。

1.6 安全防护

1.6.1 安全防护在物联网中的重要性

在大力发展物联网的同时，安全问题日益凸显。物联网的核心技术主要有三个特点：可跟踪、可监控、可连接。因此，物联网所面临的安全性威胁也主要来自这三方面。具体来讲，主要包括感知、传输和应用三个层面。由于网络环境纷繁复杂，所以从感知方面来讲，在接触这些信息的时候，物联网就面临着多重威胁；其次是传输，感知节点在传输的过程中是暴露在整个错综复杂的网络环境之下的，这时候最容易受到不良信息的攻击；最后是应用方面，随着物联网在各行各业的应用越来越广泛，运行的过程中，稍有不慎，就会出现多种多样的安全性问题，给整个团队甚至是整个行业造成难以弥补的损失。

从一定层面上来讲，物联网在应用过程中可能面临以下三种安全性问题：①隐私泄露。因为射频识别技术的广泛应用，它就有更多地可能被恶意地捆绑在任何物品中，通过网络输出到更多人的视线之内，给人们正常的生产生活造成很大困扰。②拒绝服务现象。这是一个很常见的问题，当信息从感知层传输到输出层时，由于信息量的庞大或者使用人群较多，极有可能造成网络拥堵的现象，产生变相拒绝服务的情况，给人们的生活造成一定麻烦。③在物联网领域，还充斥着恶意代码攻击、伪造信息等各种安全威胁。因此建立严格规范的信息安全架构,保证物联网系统的安全可靠,对于社会的和谐稳定发展至关重要。

1.6.2 常用的安全防护措施

在互联网风靡的网络时代,电子商务逐渐受到众多消费者的青睐,物联网技术的广泛应用更加剧了互联网商务的发展,因此,针对物联网在运行过程中所面临的各种安全威胁,更需要采取一定的防护措施。构建安全框架、完善攻防技术是重中之重。

(1)芯片级别的物理安全技术:通过物理的方法如标签阻隔、屏蔽技术、杀掉进程命令等对物联网中的各节点加强安全机制。标签阻隔可以使信息在条件不允许的情况下不发送,另外它还可以模仿多种标签,用户可以根据情况选择性的中断信息通信。

(2)信息传输的安全技术:加密技术可以保障信息在传递时的安全,通过该技术可以降低信息被截获时破译的风险。加密方式主要分为两种,一种是节点到节点的加密,对各个节点的信息全部进行加密,可以实现所有业务的安全管理;另一种是端到端的加密,该种方法是在信息发送的一端进行加密,中间如果截取信息将为不可读,只能在信息发送的另一端进行解密,安全防护水平更高。

(3)访问与认证技术:感知层中的各个节点只有通过认证技术才能保证不被人为的控制,只有通信双方都确认彼此的身份才能够进行通信。认证技术通过加强节点和网络、节点和节点来明确彼此的合法性,另外还可以设置第三方节点来进行认证的筛选。认证的方式主要包括开放式认证、基于密钥的认证、远程用户拨号认证和扩展认证等。通过这些认证方式,接受数据的一方可以确认对方的真实身份,从而确定数据的可靠性。认证服务主要应用于感知层用来解决传递信息的可靠性、机密性和完整性等问题。

(4)中间件技术:该技术是综合以上三种技术,将感知层、网络层、应用层之间的业务分割开来,提供唯一的安全认证从而达到更高的安全体系。密码服务是中间件的核心,通过提供统一的接口及不同的模块来满足特定安全的服务,主要模块包括随机算法模块、对称密码模块、公钥模块和 Hash 算法模块等,通过以上模块算法生产相应的加密程序能够适应不同业务的信息保护需要。

第2章

智能配电网

2.1 智能配电网概述

配电网是由架空线路、电缆、杆塔、配电变压器、隔离开关、无功补偿器及一些附属设施等组成的，在电力网中起重新分配电能作用的网络，直接面向用户供电。近年来，配电网是电力系统中发展较快、变化较大的环节，从传统放射型转变为多段互联网络，并向多层、多环、多态复杂网络方向发展。随着用户供电需求的不断提高、分布式电源及电动汽车的不断接入以及信息通信技术的不断发展，配电网将承担更多的角色，成为可靠的能源保障平台、可再生能源消纳平台和多源信息集成的数据平台。

智能配电网以配电自动化技术为基础，应用先进的测量和传感技术、计算机和控制技术、信息通信等技术，利用智能化的开关设备和配电终端设备，允许以可再生能源为主的分布式电源大量接入和微电网运行，鼓励各类不同电力用户积极参与电网互动，在坚强电网架构、双向通信物理网络以及集成各种高级应用功能的可视化软件支持下，实现配电网正常运行状态下的优化、检测、保护、控制和非正常运行状态下的自愈控制，为电力用户提供安全、可靠、优质、经济的电力供应。

2.1.1 智能配电网特征

由传统配电网到智能配电网的建设是由配电网发展过程中各个阶段的驱动力逐步推动并趋于完善的。与传统配电网比较，智能配电网具有以下五个关键特征。

（1）供电可靠性更高。智能配电网能抵御外力破坏，避免大面积停电，将外部破坏限制在一定范围，保障重要用户供电。自愈控制技术可监控系统状态，并搜索、诊断、消除可能的故障，以避免大规模停电；可实时检测故障设备并进行纠正性操作，最大程度地减少电网故障对用户的影响。

（2）电能质量更好。智能配电网能实时监测并控制电能质量，保证用户设备的正常运行并且不影响其使用寿命。利用先进的电力电子技术、电能质量在线监测和补偿技术，可以实现电压、无功的优化控制，对电能质量敏感设备进行不间断、高质量、连续供电。

（3）运行效率更高。智能配电网能实时监测配电设备温度、绝缘水平等，在安全可靠地前提下提高传输能力，提高配电网设备利用效率；优化潮流分布，减少网络损耗；在线监测并诊断设备运行状态，实现状态检修，延长设备使用寿命。

（4）支持分布式电源的大量接入。配电网是光伏、风机、燃料电池、微型燃气轮机等分布式电源接入的主要平台。智能配电网可支持分布式电源与之有效集成，优化分布式电源的利用，提高电网运行效率；在主网停电时，可用微电网保障重要用户的供电。这是智能配电网区别于传统配电网的重要特征，智能配电网不再被动限制分布式电源接入容量，而是从有利于发挥分布式电源作用，最大化消纳分布式电源角度出发，实现系统的优化经济运行。

（5）支持与用户互动。电网与用户的互动包括信息和能量的互动。一方面，智能配电网采用通信信息技术，实现电网公司与用户用电信息的双向实时交互；另一方面，大量需求侧响应资源能够通过电力市场充分参与到配网运行中，根据电价或激励政策调整用电行为，协助完成削峰填谷、平滑功率、缓解阻塞、虚拟备用等辅助服务功能。同时，电动汽车作为一种移动储能形式，可通过调整充放电时间，在需求侧响应方面发挥削峰填谷的作用。该特征也是智能配电网区与传统配电网的重要区别之一。

2.1.2 智能配电网关键技术

配电网向高度自动化、用户广泛参与、潮流双向、较好兼容的智能配电网方向发展，其发展动力主要来源于技术上的推动和商业需求的拉动。技术上，分布式发电与信息通信技术是主要的推动力，而商业拉动力则源于用户的高可靠供电和优质供电服务需求。

单纯从技术实现角度来看,智能配电网涉及通信与测控、电力电子、大数据及协调控制等技术,主要包括以下六个方面。

(1)配电自动化技术。配电自动化是智能配电网的基础。配电自动化通过新一代配电主站,通信网络,即插即用智能终端,一、二次设备融合等技术应用,全面提升中低压配电网运行状态的主动感知和决策控制能力,为全业务统一数据中心和配电网智能化管控平台提供配网运行状态数据,有效支撑配电网精益化管理水平提高。其主要特点有:①数据采集及展示。它采集配网各区域数据,汇集到主站平台进行可视化展示,并且对配网运行状况进行监测与提供警告信息,改变传统的"盲调"模式,降低配电网运行维护成本。②实现馈线自动化。发生故障后,自动地检测并切除故障区段,进而恢复非故障区段正常供电;提供丰富的实时仿真与运行控制的辅助决策,包括经济运行、电压优化、自愈控制等,并能够适应分布式电源接入。③一、二次设备成套化设计。配电开关全面集成配电终端、电流/电压传感器、电能量双向采集模块等,采用标准化接口和一体化设计。④基于 IEC 61850 标准的即插即用终端。采用基于 IEC 61850 标准的信息交换模型与数据传输协议,支持自动化设备与系统的互联互通、即插即用,减少现场运行调试人员工作量,提升配电自动化的信息化与智能化水平。

(2)配电网自愈技术。配电网的自愈控制技术,即通过共享和调用一切可用电网资源,预测判断电网存在的安全隐患和即将或已发生的扰动事件,采取配电网在正常运行下的优化控制策略和非正常运行下的预防校正、检修维护、紧急恢复等控制策略,使电网能快速从非正常运行转为正常运行状态,减少配电网运行时的人为操作,最终降低配电网扰动或故障对电网和用户的影响。

(3)分布式电源并网消纳与微电网技术。智能配电网的一个显著特征是潮流双向流动的有源网络。针对这一特点,分布式电源并网消纳技术涉及配电网的规划、运行、检修等多个方面。具体可包括分布式电源消纳能力分析、含分布式电源的配电网规划、分布式电源的布点定容优化、有功与电压优化控制、故障分析、保护策略与供电恢复技术、分布式电源与配电网的友好运维技术等。

我国的分布式电源发展迅猛，配电网将会不可避免地承受越来越多的分布式电源接入压力，应逐步有序的在负荷中心建立微电网，将就地的清洁能源和负荷结合起来进行协调控制，使清洁能源就地利用，从而减轻电网压力，提高电网的安全稳定运行水平。

（4）需求响应技术。随着智能电网的发展和完善，在电力市场中引入需求侧资源参与电网优化运行，通过价格和激励机制增加需求侧资源在市场中的作用，以需求响应这种形式将供给侧和需求侧联合优化成为发展趋势。需求响应是指电力用户根据价格信号或激励机制作出响应，改变自身用电模式的行为。价格信号包括分时电价、实时电价等；激励机制包括直接负荷控制、可中断负荷、辅助服务等。因此需求响应可分为价格型需求响应和激励型需求响应两种。

（5）柔性交流配电网技术。柔性交流配电网技术是柔性交流输电技术在配电网的延伸。应用柔性交流配电网技术可以实现有功、无功潮流的优化配置、提高配电网电压稳定性、有效改善配电网电能质量，提高分布式电源并网消纳水平。目前已经应用较好的柔性交流配电网技术装置主要包括有源电力滤波器、动态电压恢复器、配电系统用静止无功补偿器和固态断路器等。

（6）先进量测与大数据分析技术。先进量测技术能够测量、收集、储存、分析和传送用户用电数据、电价信息和电网运行状况。例如智能电表是一种可编程的、有存储能力和双向通信能力的先进计量设备，是获取用户侧数据资源的有效方式，可服务需求响应、营销等业务。部署于配电网中的各类传感器，可有效获取配电网运行检修相关的电气、非电气状态量，如变压器运行电压、电流、温度；可服务设备运行状态评价；环网柜温度、湿度可服务设备凝露预警；杆塔倾斜程度、可服务杆塔设备健康状态评价等。

在对配电网实现了全面的态势感知后，从各类信息系统和智能电表所获得的海量配电网实时运行数据，只有通过先进的大数据技术，将数据进行整合分析计算，才能快速生成配电网及网内各种可控资源所需的规划、运行控制信号。例如，将智能电表数据与配电网网络拓扑、调度 SCADA 等信息系统进行结合，能够对用户用电行为进行分析，为用户提供定制供电服务；对系统产生的非技术性网损进行分析，可以减少窃电行为的发生；对配电变压器的负载率进行实时在线监测，可以提高配电网资产利用率，实现配电网馈线自愈控制，提高配电网供电可靠性；对电网和用户互动形成的低压电网拓扑状态在线确定，可以提升供电系统服务能力，实现电网的智能化维护；对配电网中的负荷和分布式电源的出力进行精确预测，可以实现需求侧响应和对用户的高品质服务。

2.2 主动配电网

2.2.1 简介

传统配电网是一个"被动"的从主网接收功率的供电网络。随着分布式电源和多样性负荷的接入，配电网由"无源"变为"有源"，潮流由"单向"变为"多向"，呈现出愈加复杂的"多源性"特征。配电网迫切需要建成高度融合信息、通信、控制技术的源—网—荷协调运行系统，通过对新能源、分布式电源和多样性负荷的有效监测和优化调控，充分消纳新能源和分布式电源，降低负荷峰谷差，提高电网的运行效率，实现传统配电网向现代主动配电网的升级。

在 2008 年国际大电网会议上，配电与分布式发电专委会在发表的《主动配电网的运行与发展》研究报告中明确提出主动配电网这一概念，其核心是分布式可再生能源从传统的被动消纳转变为主动引导与利用。主动配电网通过对分布式光伏发电、储能以及负荷进行联合调控，减小分布式光伏发电对配电网造成的不利影响，从而提高配电网接纳分布式光伏发电的能力，被认为是解决分布式光伏发电接入问题的有效途径。

国际大电网会议对于主动配电网的定义可以简单理解为：主动配电网是一个内部具有分布式能源，具有主动控制和运行能力的配电网。这里所说的分布式能源，包括各种形式的连接到配电网中的各种分布式发电、分布式储能、电动汽车充换电设施和需求响应资源，即可控负荷。

2.2.2　主动配电网特征

主动配电网的关键是"主动"，是融合了先进的控制和信息技术的主动配电网。相较于传统配电网，展现出了一系列传统配电网所不具备的优势，包括高渗透率分布式电源接入、配电网可靠性提升、电能品质的提升和对可控资源的充分挖掘与利用。其具体特征包括：

（1）分布式电源和负荷的主动调节与控制。传统配电网往往忽略分布式电源和负荷对配电网运行状态的影响，主动配电网利用先进的计算机控制与通信技术手段，使分布式电源与配电网能够有效地集成，积极、主动地参与电压无功等控制，实现配电网乃至整个系统的优化运行。主动配电网具有完善的需求侧响应技术措施与机制，能够充分发挥可调负荷在系统功率平衡控制以及平滑电力系统负荷曲线中的作用。同时，储能作为有效的手段，能够平抑分布式电源出力波动、削峰填谷等。主动配电网将分布式电源、可控负荷、储能充分结合，利用虚拟电厂、多源协调优化等技术，使分布式电源与负荷主动参与电网调节与控制。

（2）网络拓扑结构可灵活调节以及完善的可视化水平。在一次网架坚强的基础上，通过配电自动化实现网络拓扑调减，可实现以负载均衡、线损最小、最大化消纳分布式新能源等目标的网络重构，优化网络拓扑结构。同时，主动配电网具备收集全网各负荷点的实时运行数据、开关状态、网络拓扑、分布式电源运行工况以及储能单元电荷状态等信息，为主动配电网协调优化管理提供坚实基础。

（3）具备协调优化管理能力。主动配电网的重要价值在于对配电网的主动管理，即通过引入分布式电源及其他可控资源、加以灵活有效的协调控制技术和管理手段，实现配电网对可再生能源的高度兼容及对已有资产的高效利用。通过协调优化智能优化算法，得出满足各项技术约束条件下的有功功率全局优化控制策略和无功功率全局优化控制策略。其中，有功功率优化控制策略是指在功率平衡基础上，尽可能多地消纳本地可再生能源，而无功功率优化控制策略是指在满足负荷无功需求以及确保电压质量的基础上使得网络上的无功潮流最优。

2.2.3 主动配电网与智能配电网的关系

随着分布式电源的增加，配电网的概念出现了外延，能量的双向流动成为趋势，用户对电能质量、可靠性和安全性要求更高，通过需求侧管理协调本地源、网、荷的有效整合。智能配电网就是将源、网、荷有效连接，共同参与优化运行，那么主动配电网是其有效实现的方式。

随着以光伏和风电为主的分布式电源在配电网中的渗透率日趋升高，并且新能源发电不确定性强，对电网稳定运行带来不利影响。主动配电网是分布式电源高度渗透、功率双向流动的配电网网络，强调分布式电源与负荷的主动调节与控制、网络拓扑结构可灵活调节以及完善的可视化水平、具备协调优化管理能力的特征，能够有效解决分布式电源高渗透接入问题，满足配电网能量流的灵活管理。

因此，从特征来看，主动配电网与智能配电网是基本一致的，"智能"和"主动"是分不开的。智能配电网强调综合利用多项技术提高配电网智能化水平，主动配电网强调配电网主动调节与控制能力，前者概念更加丰富，后者则具体落脚到"主动"这一核心理念。从特点来看，两者同样遵循分布式电源高度渗透、功率双向流动的发展趋势。

2.3 配电自动化

2.3.1 配电网自动化系统

随着电力体制改革的不断深化，增量配电网业务已经向社会放开。分布式电源以及电动汽车等多元化负荷的大规模接入，需要通过配电自动化系统，提升配电网自身的自动化、信息化和智能化水平，进而提升配电网精益化管理水平。同时，智能配电网建设主要强调智能感知、数据融合、智能决策，配电自动化系统是配电网智能感知的重要环节，是智能配电网、主动配电网实现的抓手和落脚点，其技术发展也推动了配电自动化的建设应用。

配电自动化通过应用新一代配电主站、一二次设备融合、即插即用终端等技术，全面提升配电网运行状态的主动感知和决策控制能力，有效支撑配电网精益化管理水平提高。配电自动化系统可理解为两层含义：①狭义的配电调度控制系统，主要实现 10kV 中压配电网的功率潮流、开关状态等监视、调度与远方遥控功能；②广义的配电自动化系统，作为配电网络以及配电设备的监控系统，主要实现变电站 10kV 出线开关至配电变压器低压侧之间整个配电网运行状态的监测管理，不仅包括调度控制功能，也包括对于开关、线路、配电变压器等配网设备的运行状态管控功能。

配电自动化系统是实现配电网运行监视和控制的自动化系统，具备配电数据采集与监视控制系统（SCADA）、故障处理、分析应用及与相关应用系统互连等功能，主要由配电自动化系统主站、配电自动化系统子站（可选）、配电自动化终端和通信网络等部分组成。

（1）配电自动化系统主站，主要实现配电网数据采集与监控等基本功能和分析应用等扩展功能，为调度运行、生产运维及故障抢修指挥服务。

（2）配电自动化系统子站，是配电主站与配电终端之间的中间层，实现所辖范围内的信息汇集、处理、通信监视等功能。

（3）配电自动化终端，安装在配电网的各类远方监测、控制单元的总称，完成数据采集、控制、通信等功能。

（4）通信网络，提供终端与主站之间的数据传输通道。

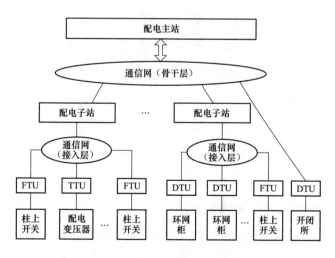

图 2-1　配电自动化系统结构

FTU—馈线终端设备；DTU—开闭所终端设备
TTU—变压器终端设备

配电自动化系统在提高配电网运行管理水平方面作用如下：

（1）提高供电可靠性。通过对配电网及其设备运行状态的实时监测，改变配电网"盲调"现象，及时发现隐患，降低设备故障发生率；通过故障定位、隔离、非故障区恢复供电，减少停电影响范围和停电时间；缩短故障查找时间，提高故障抢修效率；改变传统的人工就地倒闸操作为远方遥控操作，缩短倒闸操作停电时间，从而提高供电可靠性，减少用户停电损失。

（2）提高运行经济性。配电自动化系统实时掌握配电网运行水平，分析评估重过载等负荷分布不均衡情况，为配电网运行方式灵活调整提供了条件。在保证供电可靠性的前提下，降低运行损耗，压缩备用容量，延缓一次设备投资建设，提高资产利用率；实时了解分布式电源的出力情况，合理优化运行方式，最大化本地消纳分布式电源。

（3）提高服务管理质量。实现配电自动化，迅速确定故障区间，减少停电时间，提高用户满意度；通过远程实时监视和控制，减少人工巡检和现场倒闸操作时间，利用运行数据便捷开展数据多维分析，提高工作效率。

分布式电源的接入，对配电自动化来说既是机遇也是挑战。随着智能电网和主动配电网的发展，高级配电自动化被提出，其性能更加完善，增加了运行辅助决策的功能，实现了配电网信息的集成，更适应了分布式电源监控和运行管理的要求，成为智能电网背景下的主要技术发展方向。高级配电自动化是传统配电自动化的延伸，在监控对象上，除覆盖配电网外，支持高渗透率分布式电源的监控要求，同时与相关配电网信息化系统部分有效集成，解决"信息孤岛"问题；在性能方面，除主站集中控制外，还支持终端间通信的分布式控制，并增加拓扑分析、事故反演、分布式电源接入与控制、经济运行等功能。

2.3.2 配电自动化技术应用

2009 年起，国家电网公司、南方电网公司陆续开始建设一批配电自动化，至 2015 年，国家电网公司共批复建设 84 个地市的配电自动化系统。早期配电自动化建设中存在的保护配合、通信方式选择、终端取电、信息集成交互等问题，在建设过程中逐步探索解决。

2015 年，国家能源局"关于印发配电网建设改造行动计划（2015～2020
年）的通知"提出"到 2020 年，中心城市（区）智能化建设和应用水平大幅提
高，供电可靠性达到 99.99%，用户平均停电时长不超过 1h，供电质量达到国
际先进水平；城镇地区供电能力及供电安全水平显著提升，供电可靠性达到
99.88%以上，用户平均停电时长不超过 10h，保障地区经济社会快速发展。"配
电自动化作为供电可靠性、经济性和服务质量提升的有效保障，将迎来新的建
设高潮，通知中也明确提出"十三五"末配电自动化覆盖率达到 90%。未来几
年配电自动化建设将在技术水平和实用化方面显著提升。

第3章

电力物联网技术

3.1 概述

物联网技术是指通过网络将人与物、物与物互联，实现信息交互应用的网络技术。物联网技术在智能电网各环节深化应用逐步形成了电力物联网。电力物联网是指通过在电力生产、输送、消费、管理各环节，广泛部署具有一定感知能力、计算能力和执行能力的智能装置，实现信息安全可靠传输、协同处理、统一服务及应用集成，促进电网生产运行及企业管理全过程的全景全息感知、信息融合及智能管理与决策。电力物联网具备以下功能特点：①在线监测。对电网发电、供电情况实时监测，合理调节。②提高设备运行安全稳定性。实时监测设备运行状况，便于风险评估与预警。③保障员工人身安全性。对执行检修、倒闸等操作的人员实行定位跟踪与管理，避免误操作带来的人身伤害。

物联网技术在电网中的应用领域主要集中于电力生产环节，而在电力企业管理环节的应用相对薄弱，如安监管理人员稽查工作违规、操作违章时，依然主要凭借安全督察员抽查工作现场，缺乏一套专业、有效的远程监控系统支撑生产现场安全督察。实际上，电网企业末梢的电力设备、生产人员、管理人员及电网客户都可以纳入物联网技术应用的范畴，实现物与物、人与物的信息交互，提升电网运维能力、生产管理水平和企业运营水平。

电力物联网在电网各环节分散建设，发、输、变、配、用都有具体的应用案例。随着电力生产运营管理对象的日益庞大和业务系统的全面建设，应用于各环节的传感器、采集装置、智能终端等感知装置已具备一定规模；高度发达的电力光纤骨干网已经形成，配用电侧 GPRS/3G、4G 载波等信息网络初步建立；以集中式数据中心为核心的业务应用系统逐步完善，可视化技术、数据挖掘等信息化支撑技术逐步深入应用；现有的业务系统如调度自动化系统、输变电设备状态监测系统、电动汽车运营管理及用电信息采集系统等已具备物联网特征。国家电网公司发布了《国家电网公司物联网应用指导意见》，提出电力物联网的总体目标是最终形成覆盖发电、输电、变电、配电、用电、调度及经营管理各环节的信息模型统一、通信规约统一、数据服务统一和应用服务统一的全景全息电力物联网，实现电网各环节设备状态的可测、可视、可控。

3.2 电力物联网关键技术

3.2.1 感知层关键技术

感知层利用各种传感识别设备实现信息的识别、采集和汇聚。电力物联网感知层关键技术主要有：

（1）面向全电网的资产编码、统一标识体系及标识转换体系。

（2）应用于电力设备全寿命周期管理和移动作业的超高频、微波、无源、半有源 RFID 技术。

（3）微纳制造和 MEMS 集成技术。

（4）分布式、智能化、多参量、现场无源的新型光纤传感和无线传感技术。

（5）支持北斗/GPS 等多模兼容和 3G/4G/WiFi/UWB 等多种无线通信方式的无盲区、高精度、低成本定位、导航、跟踪和同步技术。

（6）特高压及复杂电磁环境下传感器与电力一次设备的集成技术。

（7）适用于恶劣环境条件下的抗干扰、高效能微电源和能量获取技术。

3.2.2 网络层关键技术

网络层主要负责感知层信息的传输和承载。电力物联网网络层的关键技术主要有：

（1）面向状态监测、高级量测、电网与用户交互的工业无线、微功率无线、个域无线等短距离无线自组网技术。

（2）基于 IPv6 的低功耗、轻量级、可裁剪的无线传感器网络协议栈和支持

IPv4/IPv6 双栈的移动 IP 技术。

（3）适应智能电网网架结构，支撑海量分散终端通信、上下行带宽非对称配比的电力无线宽带技术和光纤无线融合通信技术。

（4）无线局域网、移动通信网、互联网、集群专网、卫星网等异频异构网络绿色柔性组网技术。

（5）物联网网关互联互通、协议适配、数据融合技术。

3.2.3　应用层关键技术

应用层主要实现数据的接收、存储、智能处理以及提供高级应用功能。电力物联网应用层关键技术主要有：

（1）海量信息网络/虚拟存储、混杂场景下数据分类机制、分布式文件系统、实时数据库技术。

（2）基于大规模并行计算和图像处理技术的多维度图像视频智能分析技术。

（3）可视化数据表达、三维场景与视频图像的无缝融合与智能识别技术。

（4）基于数据挖掘和智能决策，面向对象、面向业务的高级数据耦合和分层析取技术。

（5）隐私保护、节点的轻量级认证、访问控制、密钥管理、安全路由、入侵检测与容侵容错等安全技术。

（6）网关安全接口及标准化、安全加密模块的组件化技术。

（7）物联网安全等级保护和安全测评技术。

（8）基于智能视频的智能巡检技术。

（9）电力物联网测试评估与仿真技术。

3.3　物联网技术应用工程

3.3.1　分布式发电及微电网接入控制工程

1. 系统概述

该工程位于某海岛，是一个风光储并网型微电网系统。工程覆盖全岛，可以实现全岛灵活安全可靠供电。建设规模为：风力发电系统 1560kW，光伏发电系统 300kWp，储能系统（铅酸蓄电池组 1500kW×2h、铅炭电池 500kW×2h、超级电容器 500kW×30s）及 20 套单户模式微电网系统。

（1）风力发电系统：海岛微电网示范工程的风力发电系统直接采用 2 台 780kW 的异步风机。

（2）光伏发电系统：考虑海岛的光资源条件一般，故本工程定位以风电为主、光伏发电为辅。工程安装了 300kWp 太阳能光伏阵列以及相应的并网逆变器和升压变压器。

（3）储能系统：工程配置 1500kW×2h 的铅酸蓄电池组，500kW×2h 的铅炭电池。由于海岛风电与光伏出力波动性较大，为了确保系统的安全稳定运行，配套 500kW×30s 功率型超级电容器储能系统，用于平抑出力波动性，同时有助于实现并网和离网两种运行模式之间的无缝切换。另外，配套 5 台 500kW 双向变流器（PCS）装置。

2．系统体系架构

海岛微网示范工程组成示意图如图 3-1 所示。

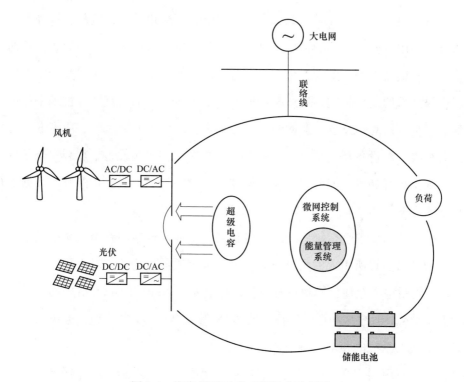

图 3-1　海岛微网示范工程组成示意图

正常情况下，微网处于并网运行模式。如果可再生能源波动较大，在尖峰时刻应用超级电容平抑波动性，增加系统稳定性；如果风光资源较好，其发电功率大于负荷需求时，多余部分存入储能电池系统或上送至大电网；如果风光资源较差，不足部分由储能系统或大电网补充。

当大电网发生故障，微网转入孤网运行模式时，储能系统作为主电源，风光作为从电源，通过协调控制策略实现微网系统的功率平衡。当故障有效隔离后，微网通过无缝切换技术恢复并网运行模式，保证系统供电可靠性。需要指出的是，在离网运行情况下，风电场需退出运行，仅可保留分支线上的两台风机投入运行。

微网控制系统是整个微网的核心，它根据微网的实时情况，对风电、光伏、负荷进行控制，使系统稳定运行。能量优化管理系统的目标是尽可能使用可再生资源，协调各部分优化运行，提高系统稳定性。

3. 安全保障体系

（1）感知层安全保障。感知层包括 RFID、感知设备、监测装置等，具有防破坏、用电安全等防护措施，以保证监测数据、系统参数、系统数据等的完整性和关键器件的完整性、可靠性。对 RFID 的安全防护，采用基于物理技术和密码技术的安全机制，通过静电屏蔽、认证协议、加密算法等技术来保证通信的安全性；对传感器、监测装置等终端设备，由于其数量大、成本低、运算能力有限、对设备耗电量有严格要求，无法在这些终端设备上加装安全芯片对监测数据进行加密，因此采用在汇聚控制器安装加密卡对上传的监测数据进行加密的方案。

（2）网络层安全保障。网络层包括网络中提供连接的路由、交换设备及安全防护体系建设所引入的安全设备、网络基础服务设施等。对于重要的信息数据，采用网络安全通信模块进行防护；对于采用 GPRS/CDMA 等公网通道接入的汇聚节点，通过移动运营商提供的 APN 等安全服务，并按照国家电网公司信息安全接入系统的要求进行防护。

（3）应用层安全保障。应用层包括应用服务器、数据库服务器等，部署在防盗窃、防破坏、防雷击、防火、防水和防潮、防静电、电力供应稳定的信息机房内，保障主机安全，并按照国家电网公司信息安全接入系统的要求进行防护。

4. 系统实施效果

本工程利用物联网智能传感、通信等技术，实现了分布式电源与储能系统接入的智能化、互动化，提高了海岛分布式可再生能源的供电质量与利用效率，增强了分布式发电接纳能力，满足了岛内居民长期稳定的用电需求，提升了电网整体抗灾能力。

3.3.2 输电线路无人机智能巡检系统

1. 系统概述

随着电力系统的发展，输电线路越来越长，电压等级越来越高。对输电线路进行定期巡视检查，随时掌握和了解输电线路的运行情况以及线路周围环境和线路保护区的变化情况，以便及时发现和消除隐患，预防事故的发生，确保供电安全是供电部门的一项重要任务。传统方式下该项工作主要依靠人工进行定期巡视，耗费大量人力和物力，效率低下。

无人机具有不受地形环境限制的优势，其搭载的可见光、红外热成像设备具有对运行电网准确的隐患发现能力。在灾情发生时或有灾情预警时，无人机能够迅速地赶往现场实施灾情监测和救灾指挥。在正常巡视时能够实现电网巡视、监控管理一体化的模式，变故障处置为隐患控制，有效降低电网运营成本，提高电网维护工作效率。

输电线路无人机智能巡检系统大量应用了物联网的理念和技术，全方位提高无人机智能巡检系统的信息感知深度和广度。系统具备大范围电网巡视能力，具有较高的安全性、实用性和自动化水平，能够实现无人机系统自主起降、超视距测控、自主避障飞行、自主完成可见光/红外/紫外巡视，从而智能化评估诊断电网设备健康状况和故障情况等。

2. 系统体系架构

系统主要由电力巡检传感网络、信息传输网络和信息处理中心三部分组成。

以物联网视角，从感知层、传输层、应用层角度提出分层网络架构（其示意图如图 3-2 所示），并分析各层关键设备及通信方式。

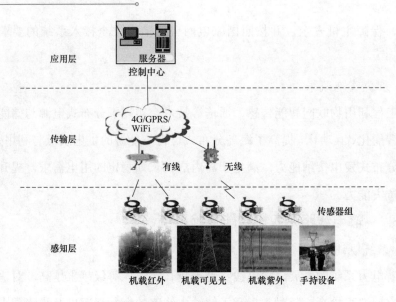

图 3-2　输电线路无人机智能巡检系统架构示意图

（1）电力巡检传感网络。包括对静态属性进行识别的地面站测控系统、对动态属性进行读取的可见光/红外/紫外的任务吊舱、在遇到障碍时通过测距传感器进行自主避障的避障系统、对动态属性及静态属性进行收发传输的无人机平台等。

（2）信息传输网络。包括对动态属性及静态属性进行传输的车载电台、机载电台及通信中继站。在此过程中当识别设备（任务吊舱、地面站软件）分别完成对动态属性、静态属性的读取后，将信息转为适合网络传输的数据格式通过信息传输网络进行传输。

（3）信息处理中心。包括将动态属性进行后期处理的防灾减灾指挥中心及其巡视图像诊断评估系统。

3. 安全保障体系

（1）感知层安全保障。无人机平台具备程控飞行、半油返航、一键返航、低油量告警、失控返航等飞控系统安全策略，保证无人机飞行过程的安全性和可靠性。三维测控软件实时集成展示飞行状态、线路设备、地理信息和安全预警等各类信息数据，实时进行状态监视。安全避障系统检测和识别飞行途径中的障碍物，并发出避障指令，保证飞行安全。

任务吊舱可输出可见光、红外、紫外三路标准视频信号，可以实时本地存储照片和可见光、红外、紫外视频等信息，从而保证既可以实时观察图像信息，又可以避免因传输中断造成数据丢失，确保数据的安全性。

（2）传输层安全保障。传输层通过采用不同的传输模块，可实现超视距测控，能够在多山地区等复杂环境条件下正常可靠通信，保证通信的安全性和可靠性；通过切换频点，能够避免由于使用场所的无线电环境干扰导致设备不正常工作。

（3）应用层安全保障。应用层信息处理中心主机部署在防火、防水、防潮、防静电的专用机房中，电力供应稳定，保障主机安全。

设备缺陷诊断评估系统采用数据库技术、图像处理、模式识别技术和数据融合等技术，对线路电晕异常、设备缺陷（防震锤脱落，导线节点过热发红、断股，线路走廊异常）实现自动识别分析和辅助决策，及时发现线路缺陷和故障，保证线路运行安全。

4．系统实施效果

输电线路无人机智能巡检系统主要作业任务有：常规输电线路巡检、灾后输电线路特巡（雷击灾后、台风灾后、暴风雪灾后等）和输电线路架设作业，系统建成后完成了 29 次带电线路巡检作业任务、11 次初级引导绳牵放任务。利用物联网技术进行输电线路无人机智能巡检，可以实现信息和资源共享，是输电线路智能巡检的未来发展趋势。

3.3.3 输变电设备在线监测系统

1．系统概述

为实现对电网输变电设备状态的全面监测和运行状态管理，促进物联网在智能电网中的示范应用，某电力公司依托生产管理信息系统（PMS），以建成输变电设备状态监测系统平台为工作核心，以规范接入电网各类输变电设备监测数据为基础，部署输变电设备状态监测系统。通过应用各种传感器技术、广域通信技术和信息处理技术，实现各类输变电设备运行状态的实时感知、监视预警、分析诊断和评估预测，实现对输变电设备的状态在线运行管理。

2. 系统体系架构

输变电设备状态监测系统采用先进的物联网技术及现代通信技术，重点面向电网输电和变电环节，系统架构示意图如图 3-3 所示，主要包括输变电设备在线监测装置（感知层）；基于有线/无线传感网络、电力通信专用网等信息通信网络（网络层）；输变电设备状态监测管理主站系统与智能评估诊断及管控平台（应用层）三部分。

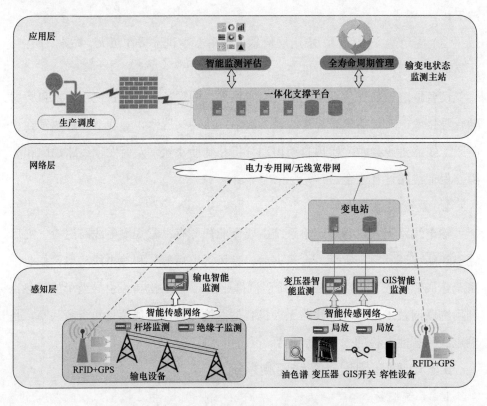

图 3-3　输变电设备状态监测系统架构示意图

（1）感知层。依托各类输变电设备和线路在线监测装置，实现输变电设备和线路状态实时监测和数据传送。

（2）网络层。基于有线/无线传感网络、电力通信专用网等信息通信网络，保证输变电状态信息的可靠传输。

（3）应用层。输变电设备状态监测管理主站系统及智能评估诊断及管控平台应用数据挖掘工具，辅助专业化知识，从海量数据中提取有价值的信息来诊断分析设备状况，提供服务决策，促进生产管理系统转型升级，提升生产效率和效益，提高信息化管理水平。

3. 安全保障体系

按照国家电网公司安全接入平台接入规范，部署安全接入平台，实现终端、物理、网络和应用级安全防护。安全接入平台部署在主站应用系统前提供安全接入认证，并为系统主站与系统终端之间的安全通信提供保护。

安全接入平台从逻辑上主要分为安全终端层（感知层）、安全通道层（传输层）、安全接入平台层（应用层）、业务访问层，共同构成全方位、立体防护体系。

（1）感知层安全保障。感知层在线监测终端上部署数字证书、加密芯片、安全模块和安全接口。

1）数字证书：证书内嵌于专用加密芯片内。安全接入系统的 CA 服务器、采集前置的设备数字证书和签名私钥的硬件载体为高速密码卡。

2）加密芯片：由国家密码管理局批准的专用型号非对称算法（RSA 等）、对称算法芯片（SM1）组成，和监测终端接入网关进行密钥协商、数据加密。

3）安全模块：提供对加密芯片的算法调用封装，屏蔽底层细节实现，提供上层软件透明调用；进行监测终端的安全状态和健康检查，确保终端自身的安全性。

4）安全接口：提供应用程序和安全模块的安全调用接口，进行应用数据加密封装。

（2）传输层安全保障。传输层提供在线监测终端和接入平台间的网络通道，包括有线专网、无线（GPRS/WCDMA）专网 APN 通道等。APN 通道是不连通 Internet 公网的联通专线通道，由无线专用通道及联通运营商机房到电力机房的光纤专网组成。为不依赖于运营商的加密算法，采用国家密码管理局专用 SM1 加密算法经由安全通道在安全终端层和安全接入平台层建立加密隧道连接。

（3）应用层安全保障。在应用层按照国家电网公司安全接入平台接入规范，部署安全接入平台，实现终端、物理、网络和应用级安全防护。安全接入平台部署在主站应用系统前，提供安全接入认证，并为系统主站与系统终端之间的安全通信提供保护。

安全接入平台系统的核心包括安全接入网关系统、安全交换过滤系统、身份认证服务器、集中监管服务器四大逻辑组成部分，依靠平台总线通信进行相互通信交互，完成认证、接入、交换、监管、统计等核心功能。

1）安全接入网关系统。终端经由安全通道层的安全认证、接入，建立双向加密隧道或应用层选择性加密技术对应用系统数据加密。作为平台的边界核心防护接入设备，对采集监测终端进行有效的认证，并保证数据的完整性、机密性、不可篡改性。

2）安全交换过滤系统。终端在通过认证接入后，通过安全交换服务系统进行网络安全隔断、裸数据剥离，并定制对业务透明的访问接口，进行业务应用数据的细粒度访问控制和安全交换，过滤非法数据、杜绝危险的渗透、攻击行为，确保数据的合法访问。

3）身份认证服务器。进行证书在线验证、终端接入仲裁、访问控制权限下发等功能。

4）集中监管服务器。提供平台基础数据的存储，对接入平台的终端、设备资产信息、硬件特征信息、证书信息等进行统一集中管理。

4. 系统实施效果

输变电设备状态监测系统构建了统一的状态信息集中收集、分析、处理和交互的平台，实现了对输变电设备状态的监测预警、故障诊断、状态评价、风险评估和维修决策等功能，为深化电网输变电设备状态检修工作、提升公司的精益化管理水平提供了有力的技术支撑。作为提高生产管理水平的重要工具，该系统已进行大规模的推广应用。

3.3.4　电动汽车充换电设施及运营管理系统

1. 系统概述

在能源危机和气候变暖的双重挑战下，电动汽车成为发展低碳经济、落实节能减排政策的重要途径。电动汽车作为一种新型交通工具，是缓解我国石油资源紧张、城市大气污染严重问题的重要手段，是推进交通发展模式转变的有效载体。随着石油资源的紧张和电池技术的发展，电动汽车在某些性能和经济性方面已经接近甚至优于传统燃油汽车，并开始在世界范围内逐渐推广应用。充换电设施为电动汽车运行提供能量补给，是电动汽车的重要基础支撑系统，也是电动汽车商业化、产业化过程中的重要环节。充换电设施的建设需要根据电动汽车的充电需求，结合电动汽车运行模式进行相应的规划和设计。

利用物联网先进传感、全球定位、射频识别、通信等技术，可以实现电动汽车及充换电设施运行状态感知与综合监测分析，有助于实现电动汽车运营管理系统的智能化、互动化，保证电动汽车、电池及充换电设施稳定、经济、高效的运行。基于物联网的电动汽车运营管理系统可实现对电动汽车、电池、充换电设施的实时监测、一体化集中管控和资源优化配置。

2. 系统体系架构

电动汽车充换电设施及运营管理系统体系架构借鉴物联网，提出感知层、传输层、应用层分层网络架构，其示意图如图 3-4 所示。

（1）感知层。包括动力电池电子标签、电动汽车电子标签等传感器。

在动力电池箱装设有物联网电子标签，该电子标签可标识该组电池的物理及电气特性，且编码唯一，实现充换电服务网络中的动力电池实时在线监测、全生命周期管理等高级应用。同时，在换电设备上安装电子标签识别设备，通过该设备读取动力电池的身份编码，可实现动力电池的性能监测、巡视维护等高级应用。

在电动汽车上装设可唯一标示其身份编码的电子标签，可标示该辆汽车的基本特性，实现充换电服务网络的车辆在线监测功能。在充换电工位安装车辆物联网标签设备，用于对车辆标签编码的编写及读取，与监控系统配合，可以完成车辆的进站导引、换电过程等全方位全过程监视。

（2）传输层。通过配置智能就地单元，一方面与监控系统通过 TCP/IP 协议通信；另一方面与物联网设备通过 TCP/IP 协议通信，也可以通过无线通信技术与主站进行联系。

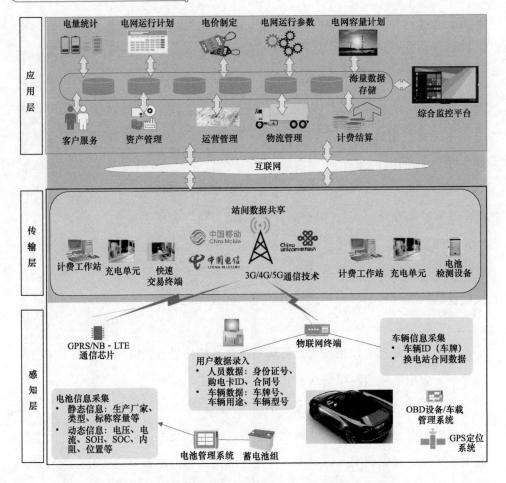

图 3-4　电动汽车充换电设施及运营管理系统架构示意图

（3）应用层。配置有数据库服务器和应用服务器，实现电动汽车充换电设施的充换电和运营管理。

3.　安全保障体系

（1）感知层安全保障。传感器通信采用基于 AES 算法生成安全机制，保证数据完整性和真实性。

（2）传输层安全保障。智能就地单元采用安全模块保存关键业务数据、鉴别信息等，实现数据的本地安全保护。

（3）应用层安全保障。应用层主机部署在防盗窃、防破坏、防雷击、防火、防水和防潮、防静电、电力供应稳定的环境中，保障主机安全。

4. 系统实施效果

该系统已应用在某充换电站。该站总占地面积约 4000m^2，建筑占地面积约 600m^2，设置 1 个换电工位和 4 台直流充电桩。充换电工位由电池充电系统、电池更换系统、车辆自动导引系统、换电监控系统四部分组成；换电工位两侧充电架上备有 14 组动力电池，每组由 5 大箱、4 小箱电池组成；2 台自动换电设备可同时对电动大巴左右两侧电池进行更换，整车换电时间 7～8min，每天可更换 72 车次，可满足 20～25 辆纯电动公交车快速换电需求。

第4章

新型物联网传感器技术

4.1 基于 RFID 技术的无源无线传感器技术

近年来随着信息化产业的不断发展，传感器逐步应用于各行各业。经过一段较快时间发展后，也逐渐暴露出一些问题，如稳定性不高、可靠性及实时性较差、成本较高、难以量产、安装及维护不便等，这些问题导致部分传感器难以满足现有市场的需求，严重阻碍了传感器的发展。在此背景下，基于超高频 RFID 技术的无源无线传感器诞生了，该传感器采用小型化设计，集无源感知及无线传输技术于一身，并具有安全可靠、成本低、实时性好、便于安装和维护等优点。

4.1.1 国内外发展现状

国内无线传感技术使用较多的是半有源和有源技术，有源传感器需要定期更换电池，用于电力行业存在一定的安全隐患。这也是无线传感技术在国内应用多年，却无法在电力行业内大面积推广的原因。

2015 年 4 月 24 日，美国德克萨斯州的 RFMicron 公司推出了一款名为 Sensor DogBone 的无源超高频 RFID 标签，该标签内置湿度、温度传感功能，还可配备压力、重量以及近距离传感器。这款标签的尺寸为 17.78mm×5.08mm，温度的测量精度为 ±1℃，用户可通过超高频阅读器读取标签信息来获取标签所处环境的变化，该标签可用于检测湿土壤或混凝土的湿度，追踪工具或金属物体，还可用于农业中，用于测量土壤水分含量。国外有几家公司已经考虑在工业、医疗以及汽车行业使用这款芯片，但在电力领域还未大面积使用和推广。

4.1.2 基于 RFID 技术的无源无线温度传感系统

4.1.2.1 超高频 RFID 无源无线传感芯片原理

RFID 无源无线传感器的技术核心在于超高频 RFID 传感芯片的设计。为了最终实现与超高频阅读器的通信，需符合 ISO 18000-6C 标准。以超高频温度传感芯片为例，其内部包含调制解调模块、电源管理模块、时钟产生模块、数字基带模块、温度传感模块及存储器等元器件。超高频传感芯片的内部设计图如图 4-1 所示。

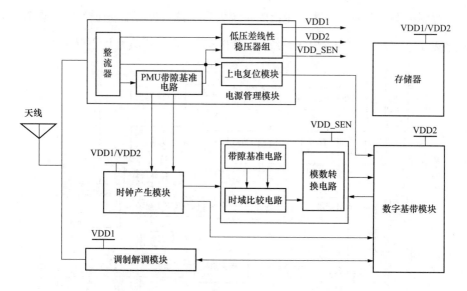

图 4-1　超高频传感芯片内部设计示意图

超高频温度传感芯片内各元器件的功能如下：

（1）调制解调器模块。用于调制解调射频信号，并利用反向散射将数据反馈给超高频阅读器。

（2）电源管理模块。整流输入的射频信号，用于产生多个直流电源电压供给其他模块。此外，电源管理模块还为模拟模块提供基准电流，并为数字电路提供上电复位信号。

（3）时钟产生模块。为传感器和数字模块提供基准时钟信号，该基准时钟信号被用来对环境温度测量得到的时域脉冲进行数字采样。

（4）温度传感器模块。利用 NPN 双极型晶体管的温度特性完成温度感知，利用带隙基准电路获得与温度相关的电流，并采用时域转换器和模数转换电路将电流模拟量转化为数字量。

（5）数字基带模块。作为中央处理器来处理与其他模块的各种接口，实现ISO 18000-6C里的所有协议。

存储器用来保护标记信息，温度和用户信息。

4.1.2.2 超高频RFID阅读器

超高频RFID阅读器是整个RFID系统中重要的组成部分之一，其内部设计示意图如图4-2所示。由于RFID系统大多采用"阅读器先说"的工作方式，因此阅读器就成为整个RFID系统的通信中心，其主要具有以下功能：

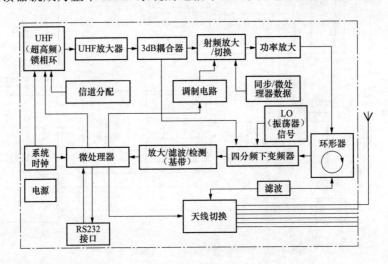

图4-2　超高频阅读器内部设计示意图

1）采用"阅读器先说"的工作方式，实现与标签之间的通信功能；

2）通过载波为标签提供工作所需的能量；

3）与客户机之间通过标准接口（如RS232/485等）实现通信；

4）通过基带部分实现相关协议标准；

5）对标签中所存储的信息实现阅读、写入以及修改等功能；

6）具有防碰撞功能，在读写范围内实现多标签的同时识别。

通常，阅读器可以按照体积和用途分为小型、手持型、面板型、隧道型，以及出入通道型和大型通道型等。

4.1.2.3　基于 RFID 技术的无源无线温度传感系统

超高频 RFID 无源无线温度传感器将温度传感芯片、射频芯片和温度传感芯片的天线集成封装在无源无线温度传感器内，当阅读器需要知道无源无线传感器内的温度信息时，通过阅读器天线发出 900MHz 电磁波，电磁波让无源无线温度传感器周围形成了一个小的电磁场，无源无线温度传感器便会从这个电磁场中获得能量来激活无源无线温度传感器内的射频芯片电路，无源无线温度传感器内的射频电路凭借感应电流所获得的能量发送出存储在芯片中的温度信息，随后阅读器把接收到的电磁波转换成相关信息，通过服务器应用软件，无源无线传感器内的温度传感信息最终被解析并展示出来。其工作原理示意图如图 4-3 所示。

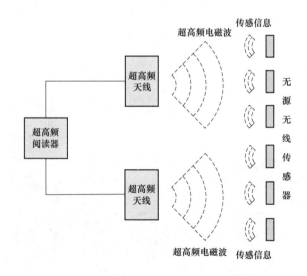

图 4-3　超高频 RFID 无源无线温度传感器工作原理示意图

4.1.3　RFID 无源无线传感器在变电站中的应用

近年来，随着电网规模的迅速扩大，电压等级和自动化程度不断提升，变电站的智能化水平也不断提高。通过物联网技术，可以监测变电站内电力设备在线运行状态，获取变电站各设备运行信息，为变电站安全运行和管理提供辅助决策功能。在变电站中，高压隔离开关、接地刀闸及接线夹等使用较多且较为重要，一旦设备温度异常将会带来安全隐患，严重时将导致电力设备烧毁或发生停电事故。如高压隔离开关在操作过程中，由于电弧损伤触头接触表面，触头接触电阻不断增大，造成触头材料不断老化；高压隔离开关动、静触头电接触方式不合理，触头不断积尘，动、静触头的接触面较小，导致负荷电流增大。这些都会导致高压隔离开关温度升高，从而引发电力事故。为了解决上述问题，可通过 RFID 无源无线温度传感器对变电站内的电器设备进行温度监测。

RFID 无源无线温度传感器在变电站中的应用示意图如图 4-4 所示。在变电站内的高压隔离开关、接地刀闸或接线夹安装无源超高频 RFID 温度传感器，

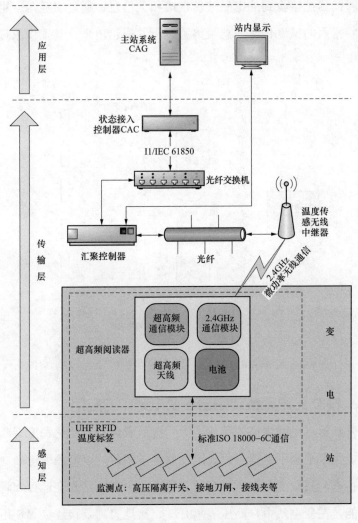

图 4-4　RFID 无源无线温度传感器在变电站中的应用示意图

可实时测量各触点的温度。各节点所需的工作能量及温度信息均由超高频阅读器提供并接收，并将温度信息传输给无线中继器。同一区域内多个超高频阅读器通过无线中继器组成无线自组网进行数据的本地传输，再由汇聚控制器统一进行本区域内所有电气设备温度监控信息的采集、存储、显示和管理，最终将变电站内各监测点的温度信息上传至主站系统。

4.1.4 RFID 无源无线传感器的优势

与红外监测、光纤监测、声表面波监测及有源无线监测等同类监测技术相比，RFID 无源无线传感器具有如下特点：

（1）响应速度快，实时性好；

（2）抗金属、耐高温、柔性封装；

（3）无内置电池，安全可靠；

（4）低成本、低运维；

（5）小型化设计，安装方便。

利用此传感器构成的 RFID 无源无线监测系统，兼有"无源"和"无线"两大特点，具有安全可靠、成本低、实时性好、便于维护等特点，为电力设备状态在线监测提供了新的解决方案。

4.2 基于热电材料的传感器取能技术

热能在自然界是普遍存在的。如地热、温泉、发动机尾气、工业废热和太阳照射产生的热量等。热能的采集主要包括两方面内容：一是大型的热能发电；二是利用微小热能的微小型温差发电。微型温差发电技术利用在半导体 PN 结两端的温差而发电，没有运动部件，运行时无噪声，运行非常可靠，污染小，是解决电子系统微型电源的一个理想方案。

4.2.1 热电材料

热电材料的种类十分繁多，按材料分有铁电类、半导体和聚合物热电材料等。按工作温度又可分为高温（＞700℃）、中温（700℃）、低温（300～400℃）热电材料（见表 4-1）。

表 4-1 不同工作温度的热电材料

温度（℃）	热 电 材 料
300～400	Bi_2Te_3、Sb_2Te_3、$HgTe$、Bi_2Se_3、Sb_2Se_3、$ZnTe$ 及其化合物
700	$PbTe$、$SbTe$、$Bi(SiTe_2)$、$Bi_2(GeSe)_3$、$Ce_{0.9}Fe_3CoSb_{1.2}$ 等
>700	$CrSi_2$、$MnSi_{1.73}$、$FeSi_2$、$CoSi$ 等

传统合金热电材料性能较好，研究较为成熟，并且部分材料已经商业应用。但在实际应用中，合金材料存在以下一些问题：①含量较低，如 Te、Bi、In、Ag、Sb 等均是地壳中含量很少的稀有元素，含量均小于 0.2ppm，Te 在地壳中重量含量仅为 0.001ppm；②成本较高，多由 Bi、Te 等高纯贵金属粉合成，价格昂贵；③高温下不稳定，合金材料在高温下易氧化，应用时不宜暴露在空气中。因此，在实际的应用中这些材料受到了不少制约。

相比之下，针对于空气中高温环境的工作条件，氧化物因其良好的热稳定性和化学稳定性，以及价格低廉、易于大规模制备生产等特点而具有明显的优势，长期以来被认为是一种潜在的热电材料。1997 年，Terasaki 等发现 Na_2CoO_4 单晶具有很高的热电优值，其热电优值在 1000K 时达到 0.6，打开了氧化物热电材料研究的大门，从而掀起了人们对氧化物热电材料研究的热潮。Na_2CoO_4 晶体是一种层状结构，当 Na 占据接近 50%时，其热电性能最佳，可基本满足实际应用的需要。不过由于 Na 的大量存在，Na_2CoO_4 基热电材料在实际应用中存在潮解问题，因此进一步提高其他 Co 系氧化物块体材料的性能，以及开发新的 P 型热电材料成为当务之急。

热电发电在发电效率和能源总量上均落后传统发电方式(如火电、水电等)，但是在低功率、低功耗供电情况下有其独特的优势。在毫瓦甚至微瓦的功率水平上，机械发动机的效率下降得很快。在一定功率水平下（在功率水平低于 100W 的范围内），热电发电的效率明显优于传统发电方式，因此特别适用于小型化、低功率供电。

4.2.2　热电发电技术应用

温差发电技术是一种可以直接将热能转换成电能的能量转换技术，温差发电现象在 19 世纪初第一次被发现。但在其后很长一段时间里，由于人们对温差热电材料的认识仅局限于金属材料，而通常金属材料的塞贝克（Seebeck）系数都较低，对应的热电转换效率还不到 0.6%，所以在实际应用中，温差热电技术一直都未能取得重大进展。直到 20 世纪 30 年代，半导体技术的研究取得了迅猛发展，研究者发现半导体热电材料的塞贝克系数可提高至约 100μV/K。到了 20 世纪 50 年代末期，苏联著名半导体学家 Joffe 院士提出两种或两种以上的半导体形成的固溶体，使热电转换效应产生了数量级的提升，这项研究成果为后来者们描绘了新型热电材料的研究前景。到现在，温差发电技术在许多方面的应用都有了很大的进展。随着热电材料研究取得不断地进展，特别是纳米化与低维化的发展，材料的热电优值有了显著的提高。而且伴随着温差发电材料的开发成本不断降低，温差发电技术逐步引起重视，在西方发达国家，热电技术也从军事、航天领域向工业和民用方向发展普及。

半导体温差发电通过半导体内部载流子的流动形成温差电势，无需附加其他机械构造，使用寿命长，性能稳定；无噪声，无震动，适用于各种场合，相对传统发电器来说具有更加优秀的使用性；对环境无污染，工作时无有害气体和固体的排放，对环境无影响；结构紧凑，可以小型化或者微型化，能够满足更多场合的要求。以上的特点使得半导体温差发电器在现在以研究绿色能源为主题的形势下具有更加明朗的发展前景。

我国在温差发电领域的研究进展相对缓慢。国际学术交流的广泛开展促使国内不少学者接触了相关技术，意识到这是一个非常有前景的产业。中国经济正处于一个前所未有的大发展时代，高科技的发展能够加速当前国民经济的发展，能源和环境问题也将是我们在飞速发展中急需解决的问题。作为一种环境友好的用能、节能技术，温差发电将在 21 世纪能源技术方面起到非常重要的作用。温差发电的主要应用领域见表 4-2。

表 4-2　　　　　　　　　温差发电的主要应用领域

主要领域	主　要　应　用
军事与航天	放射性同位素热源结合半导体温差发电技术已在阿波罗登月舱等宇宙飞船上得到使用。同时在军事方面的应用也不可小视。早在 20 世纪 80 年代初，美国就完成了 500～1000W 军用温差发电机的研制，并于 80 年代末正式列入部队装备

主要领域	主要应用
远距离通信、导航和设备保护	热电装置性能稳定、无需维护的特点使其在发电和输送电困难的偏远地区发挥着重要的作用，已用于极地、沙漠、森林等无人地区的微波中继站电源、远地自动无线电接收装置和自动天气预报站、无人航标灯、油管的阴极保护等
小功率电源	体积小、重量轻、无振动、无噪声使温差发电机非常适合用作小功率电源在各种无人监视的传感器、微小短程通信装置以及医学和生理学研究用微小型发电机、传感电路、逻辑门和各种纠错电路需要的短期微瓦、毫瓦级电能方面
汽车尾气发电机	汽车废热回收。日本开发利用小汽车尾气废气发电的小型温差发电机，功率为100W，可节省燃油 5%；美国宣布试制出了用于大货车柴油发动机尾气系统的温差电机，最大功率输出可达到 1000W
工业余热废热发电	工业废热。利用能源的不完全利用性和热能的散失不仅过量地消耗了资源，而且污染环境，在内燃机、汽轮机等热机燃料所产生能量的利用率在50%以下，在各种工业废热中，很多不能回收的主要原因是温度较低，不能用普通的热能发电方法进行再次利用。温差发电由于能够较好地利用低品位热源而显现出其优越性：利用废能、原料成本低、使用寿命较长、出现问题的几率低

4.3　基于电场梯度法的智能可穿戴设备

为加强变电运维安全管理，预防变电站安全事故，深入研究变电运维现场设备与人员的安全防护，力求保证变电运维作业现场的可控、能控、在控变得非常重要。电力企业利用先进的传感技术、无线传输技术、系统集成技术等开发出了各类防护产品。基于电场梯度法的智能可穿戴设备是其中之一，可有效解决传统模式下变电运维现场作业安全、设备运行的安全防护以及变电站运维人员安全监控等问题。

4.3.1　智能可穿戴设备

智能可穿戴设备是应用可穿戴技术对日常穿戴进行智能化设计与开发，具有感知与识别能力，能够辅助用户完成特定任务的可以穿戴的智能化设备。在工业制造领域，智能可穿戴设备可以协助生产制造并监控产品质量；在医疗卫生领域，智能可穿戴设备可以对病人实施全天候贴身监护却不影响病人正常的起居生活；在应急救援领域，智能可穿戴设备可以在废墟中引导搜救人员寻找受困者；在仓储物流领域，智能可穿戴设备可以协助管理员进行货物分拣与核对。

美国麻省理工学院、德国不莱梅大学、卡耐基-梅隆大学等知名院校均成立了可穿戴计算的研究机构，欧盟委员会发起了 wearIT@work 联合项目，致力于将可穿戴技术推广到现实应用。IT 行业的领军企业也加紧了可穿戴产品的研发，谷歌公司发布了应用于个人信息服务的谷歌眼镜,IBM 公司正在研发可穿戴 PC,苹果公司也推出了 iWatch 可穿戴手表,可穿戴成为 IT 行业的主流发展趋势。

随着科技发展,智能可穿戴设备逐步在工业领域的现场设备维护作业等辅助方面得到广泛关注和研究应用。智能可穿戴设备的出现和迅速发展,使得其具备了逐步替代便携式计算装置,构建高效的企业现场设备维护作业辅助系统的潜力,用于辅助企业工程技术人员开展设备安装、调试、监控、诊断、检测、拆卸、维修等作业任务。

4.3.2　多电极电场梯度检测原理

工频电场是电荷周围存在的一种物质形式,电量随时间作 50Hz 周期变化的电荷产生的电场为工频电场。电场强度在空间任意一点是一个矢量,以 V/m 为单位,对交流高压架空送电线路和变电站,电场一般用 kV/m 表示。在有导电物体介入的情况下,电场在幅值、方向上会改变,或者两者都改变,从而形成畸变场。同时,由于物体的存在,电场在物体表面上通常会产生很大的畸变。

用于电场检测校准的方法主要有三种,分别是悬浮体法,地参考法和光电法。

(1)悬浮体法。悬浮体法的工作原理是测量引入到被测电场的一个孤立导体的两部分之间的工频感应电流和感应电荷。它用于在地面以上的地方测量空间电场,并且不需要一个参考地电位。探头可以考虑为偶极子,当球形探头位于一均匀场内,分开两半球的平面垂直于电场,在一个半球上的感应电荷有效值 Q 为

$$Q = 3\pi\varepsilon_0 r^2 E$$

式中　ε_0——真空的介电常数;

　　　r ——球半径;

　　　E——均匀电场强度,有效值。

对采样的电荷进行积分得到

$$I = 3\pi\varepsilon_0 r^2 E$$

对于对称性较差的平行板偶极子,公式为

$$Q = KE$$
$$I = K\omega E$$

K 是与几何形状有关的一个系数,由校准来确定。平行板场强仪也是由测

量在板上的感应电荷或电流来确定场强的。

（2）地参考法。地参考法用于测量地面处的场强，探头可以由一块平板和一个安装在薄绝缘层上的接地电极组成，或者由一薄绝缘层分开的两平行板组成。如果没有电场的边缘效应，在传感器中的感应电荷为

$$Q = S\varepsilon_0 E$$

式中　S——感应平板的面积。

微分感应电荷得到

$$I = S\omega\varepsilon_0 E$$

因为探头是由平板组成的，它的使用局限于平坦的地面，对界面上电荷分布的畸变通常不大。

（3）光电法。光电法的工作原理是利用介质晶体探头中的波克尔式效应确定电场强度，和悬浮体场强仪相似，且不需要参考电位。

它使用波克尔式效应，在一个完全定向的介质晶体中，电场引起光的双折射，它的大小正比于场强，通过晶体和有关光元件偏振光的强度被感应的双折射所调制。透射光 I_t 对入射光 I_i 的比例如下

$$I_t / I_i = (1 + \sin M) / 2$$

其中　　　　　　　　　$M = \dfrac{E}{F_0}; \quad F_0 = \dfrac{\lambda}{2\pi n^3 cL}$

式中　λ——光的波长；

　　　n——晶体的折射指数；

　　　E——晶体内部的场强；

　　　c——光电系数；

　　　L——晶体的厚度。

晶体本身不发光，光调制的幅度是晶体内部场强的度量，从而也是外部电场的间接度量。

针对变电站现场复杂的电场环境、载体的体积限制，以及实现的便利性，在电极设计上采用悬浮体法。该方法的优点是不需要参考地平面，而地参考法需要以地平面作为参考，不利于在便携式设备上实现；光电法也不需要参考电极，但是需要使用光纤，电路比较复杂，不适合低成本的大规模应用。为了能够进一

步识别出电场梯度信息，常规的单电极方案已无法实现，故而在电极结构设计上采用分层电极作为采样使用的前端传感器，用于对电场的场强梯度进行特征识别。将该载体置于变电站的一个间隔内，每个电极都能对电场进行感知且感知到的电场强度都不相同，由于电极排布呈现出上下左右结构，同时电场的分布呈现阶梯状分布，故而在载体上的电极也呈现出一定的电场梯度。多电极采用分层结构设计不仅可以测量出载体周围多点的电场强度，而且可以对电场梯度进行有效识别。选取电场强度最大的电极，计算出其上下两层电极的差即为电场梯度。

4.3.3　设备功能

基于电场梯度法的智能可穿戴设备主要用于变电站运维现场作业人员的安全防护。该设备在可穿戴关键技术基础上，利用高阻平板天线经高阻放大器放大后检测 50Hz 的电场，依靠多电极电场梯度检测法，对变电站带电部位进行全方位测量，实现作业现场电压等级、与带电体的距离及方位的有效检测。同时提供安全距离自动判断、自动报警。该设备可对现场人员距四周带电设备的距离进行实时预警，提醒保持足够的安全距离，从而保证人身安全。具体功能如下。

（1）检测现场作业人员所处环境的电压等级。

利用多电极分层结构测量出设备周围多点的电场强度，选取电场强度最大的电极，计算其上下两层电极的差作为电场梯度，根据该点的电场强度和电场梯度便可判断出现场作业人员所处环境的电压等级。

（2）检测现场作业人员与带电体的实际距离及方位。

根据现场标定的场强衰减系数 α 与不同电压等级所对应的 k 值，以及现场测定的电场强度 E，利用场强衰减便可计算出现场作业人员与带电体的实际距离 d。

$$E = \frac{k}{d^{\alpha}}$$

方位检测的核心是基于方位判别矩阵，将各个电极的检测结果与方位判别矩阵进行乘积运算，得出各个方位的权重系数，对方位权重系数进行偏值修正、分类判别，便可得出现场工作人员与带电体的实际方位。

（3）不同电压等级下实现安全距离的报警。

将检测得到的现场作业人员与带电体之间的距离与相应电压等级下设定的安

全距离进行比较,当实际距离小于安全距离时,控制器控制内置报警模块发出声、光及语音报警。蜂鸣器发出连续短促的鸣笛声;喇叭播报例如"前方,0.7m电场,危险!"的语音报警;危险距离指示灯亮起,并且相应方位的指示灯闪烁报警。

(4)设备自检功能。

设备工作通电时,首先运行自检程序,检测电极、AD 采集、报警等各个模块是否正常,以 LED 显示正常或者故障状态。

4.3.4 设备硬件及结构实现

(1)整体硬件功能结构。

系统硬件电路主要由 MCU 控制器、指示灯、蜂鸣器、DAC、喇叭、电源、8 路调理电路以及 8 个电极组成,整体硬件框图如图 4-5 所示。

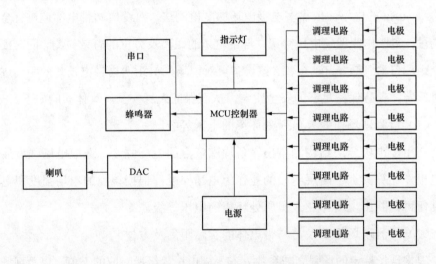

图 4-5 基于电场梯度法的智能可穿戴设备的整体硬件框图

MCU 用于管理整个系统的通信和信号处理;指示灯用于指示电场强度方向;蜂鸣器用于对系统当前状态来进行设定和告警提示;喇叭用于语音提示作业人员当前所处环境的周围电场情况;电源为锂电池组成的电源供电单元;8 路调理电路和 8 个电极用于对周围电场进行感知,进行数字化的处理。

(2)多电极采集电路结构。

运用多电极分层结构设计实现对电场梯度识别的具体采集电路结构如图 4-6 所示。

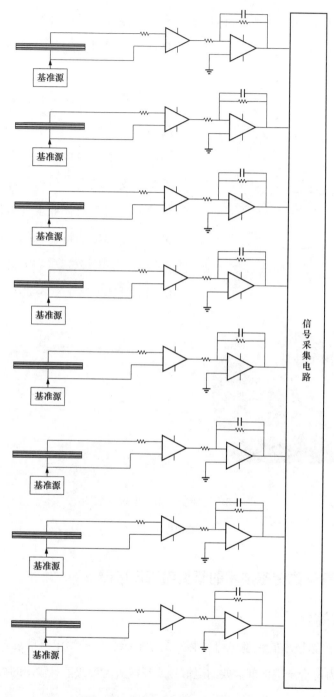

图 4-6　多电极采集电路结构图

　　基于悬浮体法，测量引入到被测电场的电极两部分之间的工频感应电流和感应电荷。前端通过电流深度负反馈对工频交流电场信号进行采样，将微弱的电流信号变换为电压信号，采样后的信号通过滤波器进行滤波，去除高频信号成分，将滤波后的信号进行放大处理，最后由主控单元进行数据处理。

（3）多电极分层结构。

针对变电站现场复杂的电场环境，在电极结构设计上采用多电极分层结构，将八个电极按上下左右分两层布设于智能安全帽内，作为采样使用的前端传感器，用于对作业现场电场强度的测量和电场梯度的特征识别。以智能安全帽为例，多电极分层结构示意图如图 4-7 所示，具体安装示意图如图 4-8 所示。

图 4-7　智能安全帽多电极分层结构示意图

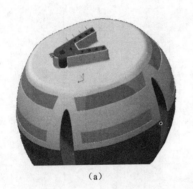
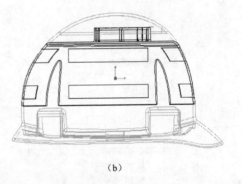

（a）　　　　　　　　　　　　　（b）

图 4-8　智能安全帽多电极安装图

（a）实物图；（b）示意图

4.4　基于磁传感技术的新型电流传感器

4.4.1　简介

基于磁传感技术的新型电流传感器是指能感受到被测电流信息，并按照一定规律转换成为符合一定标准需要的电信号或其他所需形式信息输出的微机电器件。

电流的测量是电测领域中的一个重要组成部分，电流测量装置本身的安全、准确、稳定和可靠是其他监控系统正常运行的基本保证。基于磁传感技术的新型电流传感器作为最有效的电流测量手段之一，是电力电子系统测量设备中不可缺少的重要组成部分，同时也是各种仪器仪表和自动化控制设备的基础，广泛应用于以下场景：①继电保护与测量；②直流自动控制调速系统；③逆变器；④不间断电源；⑤电子点焊机；⑥电车斩波器；⑦交流变频调速电机；⑧电能管理；⑨接地故障检测；⑩电网无功功率自动补偿；⑪霍尔钳形电流表；⑫工频谐波分析仪；⑬开关电源；⑭大电流检测；⑮电磁隔离耦合器等。

随着新兴技术的不断发展，基于磁传感技术的新型电流传感器未来的发展趋势具有以下特点：

（1）高灵敏度。被检测信号的强度越来越弱，这就需要新型电流传感器的灵敏度得到极大提高。

（2）温度稳定性。更多的应用领域要求传感器的工作环境越来越严酷，这就要求新型电流传感器必须具有很好的温度稳定性。

（3）抗干扰性。很多领域里传感器的使用环境会受到磁场、电场等各种场环境的干扰，这就要求新型电流传感器本身具有很好的抗干扰性。

（4）高频特性。随着电流传感芯片应用领域的推广，如汽车电子行业、信息记录行业等，要求新型电流传感器的工作频率越来越高。

4.4.2　工作原理

电流通过导体时在导体（即电流）周围产生一定范围大小的磁场，这种由电流产生的磁场叫电流的磁场。电流的磁场具有方向，其磁场方向的判断可用安培定则进行判断，即用右手握住导线（导体或电流），使大拇指的指向为电流的流向（电流从正极到负极，大拇指指向负极），此时四指环绕的方向就是磁场的方向。直流电的磁场方向不变，而交流电的磁场方向不停地变化。磁感应强度和电流的关系如下：

$$B = \frac{\mu_0 I}{2\pi r}$$

通过磁传感器测量磁场大小，从而得到对应的电流大小。这是基于磁传感技术的新型电流传感器的基本工作原理。

依据测量原理基于磁传感技术的新型电流传感器分为开环式电流传感器和闭环式电流传感器。

1. 开环式电流传感器

开环式电流传感器如图 4-9 所示，开环式电流传感器通过直接测量长直导线上电流产生的磁场来测量电流。电流方向与传感器的敏感轴方向正交，电流产生的磁场方向与敏感轴方向平行。假设流经导线的电流为 I，传感器距离导线的距离为 d。当电流变化时，磁场随之变化，MR 的电阻也发生变化，利用电桥结构将电阻的变化输出为一个电压信号。由于 MR 电阻和磁场之间具有线性变化规律，输出的电压正比于被测电流，从而实现电流信号的测量功能。

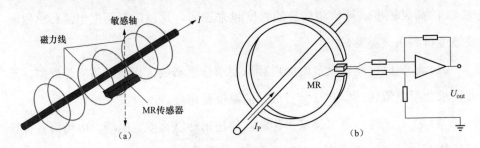

图 4-9　开环式电流传感器测量原理示意图

（a）示意图一；（b）示意图二

当被测磁场信号较弱，或为了抑制干扰磁场时，可以采用软磁材料来聚集被测磁场，并将磁传感器放置于软磁材料气隙处以增强信号强度。

2. 闭环式电流传感器

相比于开环式传感器，闭环式电流传感器多了运算放大器和二次补偿绕组，如图 4-10 所示。由于二次补偿绕组的存在，闭环式电流传感器的性能得到了大幅度提升。

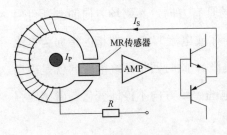

图 4-10　闭环式电流传感器

MR 的输出端接放大电路，并提供电流信号给二次补偿绕组，二次补偿绕组在磁芯中产生的磁场与一次电流产生的磁场在气隙处大小相等，方向相反，抵消一次磁场，形成负反馈闭环控制电路。

若二次电流过小，产生的磁场不足以抵消一次磁场，放大电路将输出更大的电流，反之，放大电路输出电流减小，从而维持气隙处的磁场平衡。若一次电流发生变化，气隙处磁场平衡被破坏，负反馈闭环控制电路同样会调节二次输出电路，使磁场重新达到平衡。

在使用电流传感器测量电流的过程中，难免有被测电流之外的通电导线产生的磁场或其他环境磁场对电流传感芯片产生的磁场干扰。这些干扰磁场影响电流传感芯片的测量精度，尤其是当被测电流比较微弱的时候，干扰磁场有可能导致错误的测量结果。

电流传感器通常采用两种方式来抑制磁场干扰：①采用软磁材料来聚集被测磁场，并将磁传感器放置于软磁材料气隙处以增强信号强度；②采用两颗磁阻传感器差分检测被测电流，从而抑制共模干扰，增加电流传感芯片在磁噪声环境中的测量精度，其原理示意图如图 4-11 所示。

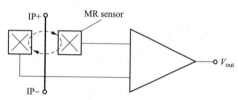

图 4-11　抗磁场干扰原理示意图

磁传感器输出的信号通常是低频微弱信号，一般在 100kHz、毫伏级以内，需要放大微伏级的电信号也不罕见，此时普通的运算放大器已无法使用了，因为它们的输入失调电压一般在数百微伏以上，而失调电压的温漂也在零点几微伏以上。解决方法通常是将传感器的信号先用方波调制，再送入运算放大器；已调制信号和放大器自身的失调电压与噪声同时被放大后再解调（对已调信号是解调，对失调电压与噪声却是一次调制，这样在频率域上被放大后的传感器信号和失调电压与噪声就分隔开了），用低通滤波器（Low Pass Filter，LPF）即可提取出相对纯净的传感器信号。电流传感器内部通常使用斩波放大电路。其工作原理示意图如图 4-12 所示。

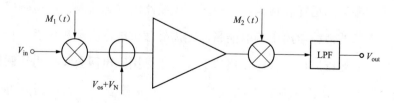

图 4-12　斩波放大电路工作原理示意图

4.5　输电线路智能间隔棒技术

4.5.1　简介

随着电力系统状态检修工作的开展和智能电网的建设，输电线路在线监测技术得到迅速发展，电网企业均增加了对输电线路覆冰、舞动的研究投入，以及对输电线路状态监测装置及其系统的研制开发，以期建成覆盖全网的输电设备状态监测系统，即利用先进的测量、信息、通信和控制等技术，以线路运行环境和运行状态参数的集中在线监测为基础，实现对特高压线路、跨区电网、大跨越、灾害多发区的环境参数（温度、湿度、风速、风向、雨量、气压、图像等）和运行状态参数（污秽、风偏、振动、舞动等）进行集中实时监测，开展状态评估，实现灾害的预警。

根据统计资料显示，输电设备在线监测装置厂商众多、质量参差不齐，部分装置的可靠性和稳定性较低，通信故障、电源故障和传感器故障等事件频繁发生，监测数据上传的及时性、有效性和完整性较差，无法准确反映输变电设备现场真实情况，导致监测数据实时接入率和监测装置实际应用率均较低。

大多数在线监测产品还存在着与一次设备的集成度不高，功能单一、结构庞杂、体积笨重、耗电巨大等问题。而智能化、小型化、集成化、高可靠、长寿命是电网监测装置的发展趋势。一次设备智能化水平的提升和传感监测业务的深化应用亟需开展传感电气集成技术研究，提升电力系统集成化、智能化水平。

输电线路智能间隔棒采用先进的 MEMS 机电一体化设计，在传统间隔棒的内部嵌入模块化传感器，可以获得导线的工作温度、工作电流、故障电流、摆动和对地距离等参数，利用计算芯片及信息处理算法软件、无线链路，可直接完成多种参数的运算和传输，实现对输电线路的状态监测；以电磁感应取电或避雷器内部的泄漏电流中获取能量，无需外部供电，实现高可靠、长寿命设计，降低安装运维成本；传感器模块的设计遵循国家电网公司电力物联网信息通信总体架构，具备高兼容性和可扩展性，为业务融合、大数据分析提供支撑，提高电网信息化、智能化水平。

4.5.2 智能间隔棒总体设计

智能间隔棒主要由北斗导航定位模块、电流感应取电与储能单元、MEMS 三轴陀螺、MEMS 三轴加速度传感器、二维固态风速风向传感器、激光测距传感器、温度与湿度传感器、ARM4 单片机和射频单元组成，原理框图如图 4-13 所示。

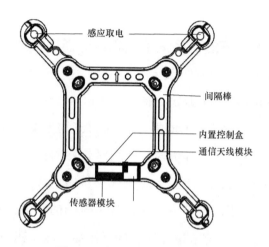

图 4-13 智能间隔棒原理框图

4.5.3 感应取电技术

输电线路感应取电主要基于电磁感应定律，利用高压线路周围交变磁场提取电能。其工作原理如图 4-14 所示。

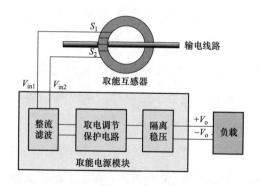

图 4-14 取电装置工作原理图

装置通过取能互感器从输电导线上获取电能，然后输入取能电源模块，取能电源模块对其进行整流滤波处理并实现隔离稳压输出。取能电源模块内含取电调节保护电路，可以实时调节和限制输入模块的电能，避免吸收因雷击等特殊情况引起的瞬间大电流而损坏，同时保证模块能在输电导线电流不稳定时仍能输出稳定的电压。

取能互感器从输电导线上抽取的能量大小与输电导线上的电流大小有关，也与取能互感器和取能电源模块的型号有关。输电导线的电流越大，取能装置输出的功率也越大。

4.5.4 强电磁场环境下多跳组网和可靠通信技术

4.5.4.1 网络节点间的组网技术

由于输电线路以线状延绵伸展，部署无线传感器网络将面临严峻的通信组网技术挑战。在频段选择上，2.4GHz 的产品和通信方案最为成熟，但该频段传输特性较差，而 433MHz 等传输特性相对较好的频段大多没有解决抗干扰、安全性等方面的问题。此外，大部分高压输电线路架设于人迹罕至的地方，线路狭长，因此，用于输电线路状态监测的众多传感器网络需要采用多跳组网，以中继方式完成感知数据的远距离传输。图 4-15 为多跳组网网络拓扑图，电网无线传感器网络由汇聚网关（Net）、汇聚节点（Sink）和感知终端节点（Node）等组成。通过在电网设备和工作环境安装传感器节点（Node），对电网设备进行环境及运行状态在线监测，达到对电网设备防护的目标。

4.5.4.2 不同类型的地域对电磁波传输的影响

（1）郊区。通常地形开阔，地面建筑较少，但有大量杆状构件，周围有高楼，所以对低频段的影响主要是周围高大建筑反射造成的多径效应，形成衰落和自身重影干扰，由于高频段电波的距离衰减率较高，所以多径效应影响微弱，对 2.4GHz 影响较小，有利于 2.4GHz 信号传播。

（2）市区。街道是最复杂的地形，且人员车辆的流动都会对各频段电波传播产生严重影响，信号衰落可达 30~40dB，在街道部署无线传感器应充分考虑衰落的影响。

（3）楼宇。楼宇内部结构复杂，钢筋水泥对低频段信号衰减相对小，对 2.4GHz 有严重衰减，通常 2.4GHz 微功率信号难以穿透钢筋水泥墙体。在室内多种金属体构成复杂反射模式形成驻波衰落，人体、潮湿物体等构成严重吸收衰减，所以室内短距离应用要考虑这些因素，否则也可能形成覆盖盲区或信号传输不稳定。

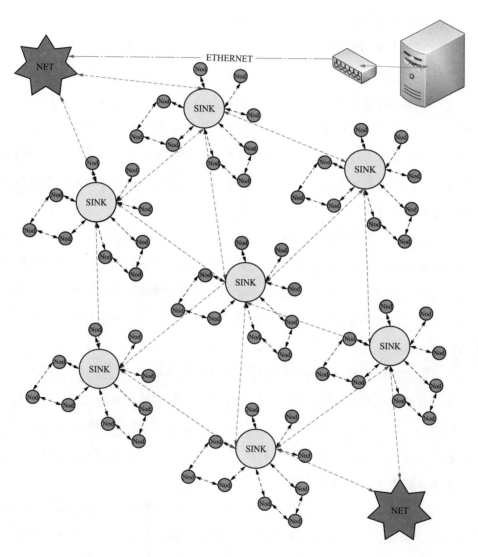

图 4-15　多跳组网网络拓扑图

4.5.4.3　不同区域的组网策略

（1）无线传感器网络节点布置。无线传感器网络节点的布置和定位、跟踪一样，是无线传感器网络的一个基本问题，它反映了无线传感器网络的成本和监视能力。节点布置的策略能在很大程度上增强网络检测质量，减少成本、能耗，最终延长节点的寿命。随着无线传感器网络应用的普及，更多的研究深入到节点布置和覆盖的基本理论方面。

在节点布置中重点研究以下两方面的内容：

1）传感器节点的感知区域模型研究：根据输电线路的设备布置，通信要求等情况，研究适合应用于输电线路现场的传感器节点感知区域模型。

2）传感器节点布置策略研究：一个好的传感器节点布置策略，不但能增加媒体接入层协议和路由层协议的算法效率，而且有助于减少网络节点的能耗，增长网络的有效工作时间。良好的节点布置结构的形成会使无线传感器网络的各种资源得到有效配置，网络内的节点能够更好的进行感知、监测、数据传输和处理等各种服务。

（2）传感器节点的感知区域模型。当前针对无线传感器网络的研究领域中，常用的感知模型主要分为两种：二元感知模型和概率感知模型。二元感知模型又称为圆盘模型，其中每个节点都具有一个固定的感知半径，每个节点只能感知和发现其传感半径内的环境中出现的目标。因此，在这种模型中，监测区域就被划分成被覆盖区和盲区两个部分。被覆盖区中的任意一点至少被一个传感器节点所覆盖，而盲区则恰恰相反，是覆盖区的补集。

二元感知模型的前提是假设传感器节点对目标的检测是确定的。但在某些应用场合下，由于一些不确定因素的干扰以及信号强度随传输距离的变化，传感器节点对目标的检测能力往往存在一定的不确定性，为了反映这种不确定性，有关学者提出了概率感知模型。

（3）传感器节点布置策略。无线传感器网络的节点布置方法很多，大致分为以下两类：第一类方法主要是几何部署覆盖的方法，即直接从几何角度来研究节点如何部署更合理，能更好的覆盖目标区域；第二类方法避开了用几何方法直接进行区域覆盖的求解，而是在人工智能的领域内寻求解决问题的途径。

几何部署覆盖方法，又分为点覆盖、区域覆盖和栅栏覆盖等几种覆盖算法。其中点覆盖算法，有学者提出了基于不交叉优势集的覆盖控制算法。点覆盖就是要求离散的点目标在任意时候至少被一个传感器节点覆盖。任何时刻都只有一个传感器节点集合处于工作状态，其他集合将依次被唤醒。因此可见，点覆盖的优化就是确定不相交集合的最大数，相应的延长每个传感器节点两次被激活的时间间隔，整个网络寿命也得到了延长。

对于区域覆盖问题，相关学者提出了基于冗余节点判断的覆盖控制算法、基于采样点的覆盖控制算法、基于不交叉优势集的覆盖控制算法、基于多重 k 级覆盖控制算法、基于网络连通性的覆盖控制算法。

对于栅栏覆盖算法的研究领域，相关学者提出了基于最差情形和最好情形的覆盖控制算法、基于暴露模型的覆盖控制算法。目标暴露覆盖模型控制算法中，节点的感知能力随着距离的增加成指数衰减，被称为指数感知模型。

（4）数据传输与保障机制研究。传感器节点与骨干节点对数据处理的方式有所不同：对于传感器节点，由于数据周期性产生，数据无需应答与重传；对于骨干节点，则需要对数据采用应答与重传机制。

（5）应答与重传。数据的应答与重传仅在骨干节点间实施。若接收到的非广播控制帧或数据帧标志需要应答，则接收设备立即回送应答帧，应答帧的序列号直接从接收到的帧中拷贝。

要求应答的帧，若在设定时间内未接收到与发送序列号相同的应答帧，说明此次传输失败，设备将重复数据传输过程。重传的帧不改变序列号。重传需要与初次传输的起帧采用相同时段，因此每次重传前需要判断，当前时段是否具有相同足够的剩余时间用于完成本次重传。如果剩余时间不足，将在下一起帧的相同时段继续重传，直到最大允许重传次数为止。若重传次数达到最大允许值，仍未收到应答，MAC 层将通知上层。

（6）快速路由重建。当信道遇到强烈干扰时，上述重传机制会变得低效甚至无效，所以必须寻求一种新的可靠传输机制。

通常无线传感器入网的时候会建立一张路由表，数据按路由表制定的发送路径传输到目的地址。这个路由表一旦建立，将使用到网络崩溃，然后再重新建立路由。而重新搜索路由的工作是比较缓慢的过程，会消耗大量宝贵的网络资源和节点电池寿命。

如果当前网络通信受阻,如果可以快速切换其他路由,可以即时改变路由,实现网络的可靠通信,但这取决于两个条件:①要预先建立备用路由表,②要维护备用路由表的有效性。

1)建立备用路由表。在网络建立的初期,通常每个节点都会与多个邻居建立连接关系,然后选取路径最短的作为优选路由,逐级建立路由连接关系,形成完整路表。我们可以改变这个路由表的建立过程,评价连接质量的不再是路径的长短一个指标,还可以加入信号强度、负载轻重等指标,每项指标再加权,通过调整各项指标的权重来实现所需要的网络性能。对强干扰场景,可以将信号强度的权重调的较大,如此得到链路质量,多条路径有多个路径质量参数,按质量参数得分的高低选取当前路径,其余的多个(1~4个)作为备用路径,如此逐级建立主路径和备用路径,形成带备用路由的完整路由表。

2)备用路由表的维护。各节点对与之有关联的节点间必须保持定期信号连接(心跳),如果大于这个时间还没有正常的通信连接就发起维护连接,测试该连接的信号质量。对无法连接的要删除该备份路径,并发起广播探查路径帧,找到合格的备用路径,并对所有合格的路径重新进行路径质量的评价、排队,始终保持第一个备用路径处于最佳状态,如此循环。

有了合格的备用路由,当主路由重发超时后就可以及时启用专用备用路由发送数据,避免通信中断,实现高可靠通信。

4.5.4.4 无线自组网 MAC 协议

无线自组网 MAC 协议主要解决无线信道的接入方式问题,从不同角度出发,可以将其分成多种类型,根据节点获取信道的方式,可分为基于竞争和非竞争两类;根据时间同步关系,可分为同步 MAC 协议和异步 MAC 协议;根据无线信道的个数,可分为单信道、双信道和多信道的 MAC 协议;此外还可根据发射天线的种类分为全向天线、定向天线等。

(1)非竞争的无线自组网 MAC 协议。在非竞争的无线自组网 MAC 协议中,节点之间通过一定的资源分配机制来避免竞争,如:CDMA 中的编码空间、TDMA 中的时隙空间、FDMA 中的频谱空间等。这些协议需要借助某种形式的集中协调机制，这在无线单跳网络中容易实现，但在分布式的多跳无线自组网中却非常复杂。另外，集中式的协调调度还会带来较大的管理开销，因此在分布式的无线自组网中很少采用。

（2）基于竞争的无线自组网 MAC 协议。基于竞争机制的 MAC 协议的显著特点是：数据发送异步进行，发送时间只由发送方或接收方单独决定，无须与其他节点协调同步，尽管在传送时不能确保无冲突，但由于该类协议易于实现，具有良好的鲁棒性，非常适合用在无线自组网的分布自组场景当中。

4.5.4.5 路由选择

（1）电力系统通信要求。目前存在多种 Ad Hoc 网络路由协议，在不同的环境中都有各自的特点和长处。如何选择合适的路由协议是首先要考虑的问题。

输电线监控的通信系统的特点是：①高可靠性和灵活性；②传输信息量少但种类复杂、实时性强；③具有较强的鲁棒性，网络结构复杂；④通信范围点多面广；⑤无人值守。

依照上述通信特点，将电网的监控系统分为两种类型：一种是传输信息量少，实时性要求高的业务（如：故障报警、开关量监控等）；另一种是点多面广，数据量大、实时要求不太高的业务（如无线抄表，路灯监控等）。下面将针对这两种业务类型的特点，对一些重要的路由协议进行仿真分析和比较，从中挑选出综合性能符合电力系统通信要求的路由协议。

（2）路由性能评价指标。Ad Hoc 网络的路由协议性能可通过以下指标进行定量分析：

1）包投递率。包投递率（Packet Delivered Ratio）表示源节点的数据发出后被目的节点正确接收的数量多少，该指标是衡量网络拓扑结构中信息包正确接收的性能参数。其值越大表示成功发送到目的节点的数据分组越多，协议的性能越好。相反，则说明数据分组在传输过程中丢失的也越多，即协议的性能越差。包投递率的计算公式为

$$包投递率=成功接收分组数/发送分组数$$

2）端到端平均延时。指单位数据包从源节点到目的节点所用的时间，延

迟越小，说明响应越快，网络质量越令人满意，该统计量反映了网络的拥塞状况，计算方法为

$$端到端平均延时=源节点数据包成功传输所用时间/数据包总数$$

3）路由协议开销。单位数据包个数所引起的额外路由分组个数。该统计量反映了路由协议的效率，计算方法为

$$路由协议开销=发送的路由分组/发送的数据分组$$

4）平均吞吐率。该参数是在接收数据时由网络层的上层统计的，是指节点单位时间内收到的数据分组个数，它是一个容量概念，表示数据传输的总量。

4.5.4.6 输电线路强电磁环境下可靠通信措施

在输电线路中安装和使用无线传感器网络的实际应用系统，需要应对强电磁干扰。输电线路特别是 220kV 及以上的高压输电线路分布有极强的电磁场，将产生强磁场辐射干扰，加上导线的电晕放电、绝缘子的表面污秽产生的污闪、电晕及火花放电、新架设导线的毛刺放电等因素，电磁干扰分布极为复杂。

高压输电线路附近的链路干扰主要是网络和电晕造成的散弹噪声，这种噪声是宽带白噪声，很难选择干扰场强小的可用频段。有效应对措施是采用抗干扰能力强的调制样式，合理选择扩频倍率，在设备复杂度和成本之间取得平衡。

若无线传感器网络系统置于强电磁场内，将会受到辐射干扰。其影响主要有两类：一是直接对无线传感器网络设备内部的辐射干扰，二是影响无线传感器网络通信链路的射频干扰。无线传感器网络设备主要包括传感器网络节点、网关节点等，将这些通信设备部署于输电线路中，输电线路辐射电磁场将会在设备上叠加一个复杂电磁环境，并以电路感应方式对网络设备产生严重干扰。

解决这个问题的方式是在设备设计时，结合无线传感器网络设备研制的 EMC 要求，综合考虑外界干扰，以屏蔽、滤波、接地等手段增强无线传感器网络通信设备的抗电磁干扰能力。输电线路中的辐射电磁场对无线传感器网络通信信道也会产生严重影响，由电磁污损通信信道、通信链路的接收感应引入

干扰等原因造成。除了输电系统放电对无线传感器网络产生严重的电磁干扰之外，设备处于强电场环境，极容易耦合产生高感应电压而击穿烧毁设备，这也给输电线路监测设备提出了严峻挑战。针对这种情况可以在高电压、强电场环境中，选择合适的调制方式、合适的工作频率、合适的组网策略，保证传感器在强电场、多信道条件下的持续稳定运行能力。

4.5.5 传感器天线设计

天线的设计是产品成熟的一个要点，考虑到产品应用的高压环境，天线尖端放电问题更是一个难点。天线的形状、尺寸、位置、内置式还是外延式都会影响产品的使用效果和易安装性。产品出厂前需要在特定实验室条件下，利用标准放电模型试品（尖端、浮电位、绝缘表面金属颗粒）进行测试，同时利用脉冲电流法进行对比检测。

无线传感器网络中天线技术的基本原理是利用"一到多"和"多到一"的信道传输模式实现数据的无线传输。具体实现可分为三个步骤：首先，由信号源向周边多个传感器发送一个冲击信号（"一到多"传输），以确立空间传输信道的物理特性（或者是获得空间物理信道的冲击响应特性）；其次，周边的传感器对自身所接收的冲击响应信号 $hr(t)$ 进行数据"存储"；最后，周边的传感器分别将自身所接收的冲击响应信号以反向时间 $hr(T-t)$ 进行发送和传输（"多到一"传输），通过空间传播后，各信号重新汇聚于信源，构成无线传播信号的空间聚焦。同时，由于各个传感器所记录的信道响应已充分考虑了不同路径所引入的空间相位延迟以及非均匀介质所带来的影响，所以，来自周边各个传感器的信号除了能够在空间上汇聚于一点之外，还可以实现在同一时刻到达，即同时实现时间与空间上的聚焦。正是由于天线技术能够在复杂的电磁环境中实现时—空聚焦，所以能很好地解决非均匀介质、色散媒质中的无线信号传输以及信号源的自我定位等问题。

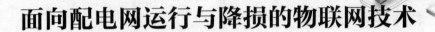

第5章

面向配电网运行与降损的物联网技术

5.1 在线监测

5.1.1 概述

配电网在线监测模块采用多种类型的传感器，对配电网架空线路、地埋电缆进行在线监测。传感器方面采用了无源峰值整流唤醒技术、微弱电流高精度补偿检测技术、微功率高灵敏感应取电技术、多传感器信息智能融合技术、多传感器多参量协同感知技术等，丰富了配电网设备运行和环境信息的采集类型和采集范围，实现了对各种设备设施辅助状态信息、用户信息等更为全面的感知及智能处理，为配电网的设备管理和调度运行提供辅助决策。

5.1.2 监测范围

配电设备在线监测包括配网设备测温、配电杆塔倾斜监测、配网设施环境温湿度监测、水浸监测、防盗监测、配电变压器运行状态监测、配电设备故障状态监测等。其实现的功能主要有配网设备状态监测、运行环境监测、防盗监测、全景展示和综合分析。

配电设备在线监测应用功能示意图如图 5-1 所示。

5.1.2.1 配网设备状态监测

主要包括设备温度监测、杆塔倾斜监测、避雷器泄漏电流监测、配电变压器运行数据综合监测、配网线路故障监测。

设备温度监测：在配电设备（柱上变压器、箱式变压器、柱上断路器、柱上隔离开关、地埋电缆）的接头上安装温度传感器，实时监测各类设备的温度

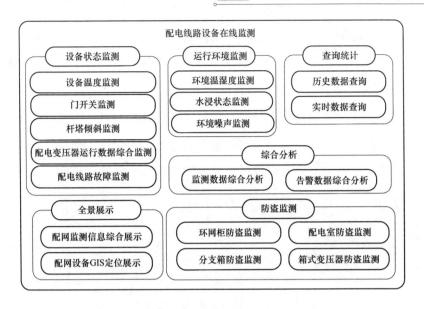

图 5-1　配网设备在线监测应用功能示意图

数据，并显示该设备的设备编号、设备类型、设备名称、最新温度数值、监测时间、温度预告警阈值和数据状态，当设备温度达到相应阈值时，更新数据状态并进行预告警提示。它提供两种数据显示格式：详细列表和视图列表。其中详细列表是以 GRID 表格的方式展现数据；视图列表通过实时图表的方式展现设备温度的实时监测数据，如图 5-2 所示。

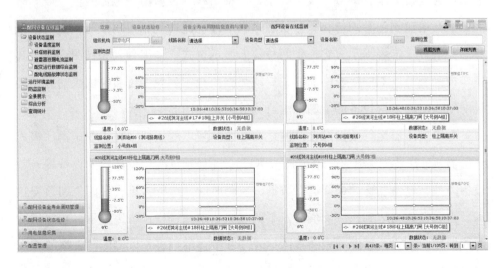

图 5-2　设备温度监测

杆塔倾斜监测：在配电杆塔上安装倾斜传感器，可以实时监测杆塔设备的倾斜状态量数据，并显示该杆塔的设备编号、设备类型、设备名称、最新倾斜量数值、监测时间、倾斜量预告警阈值和数据状态。当倾斜量达到相应阈值时，更新数据状态并进行预告警提示。它提供两种数据显示格式：详细列表和视图列表，其中详细列表是以 GRID 表格的方式展现数据，如图 5-3 所示；视图列表通过实时图表的方式展现杆塔设备倾斜量的实时监测数据。

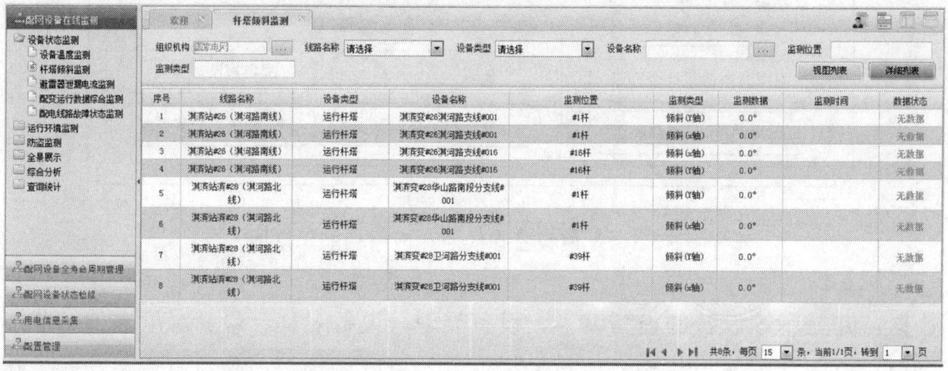

图 5-3 杆塔倾斜监测

避雷器泄漏电流监测：实时监测配电线路避雷器设备的泄漏电流数据，并显示该避雷器的设备编号、设备类型、设备名称、最新泄漏电流数值、监测时间、泄漏电流预告警阈值和数据状态。当泄漏电流达到相应阈值时，更新数据状态并进行预告警提示。它提供两种数据显示格式：详细列表和视图列表，其中详细列表是以 GRID 表格的方式展现数据；视图列表通过实时图表的方式展现配网线路避雷器设备的泄漏电流监测数据，如图 5-4 所示。

配电变压器运行数据综合监测：实时监测配电变压器（杆上变压器、箱式变压器）运行数据（电流、电压、功率等），并显示该配电变压器的设备编号、设备类型、设备名称、最新运行数据、监测时间、运行数据告警阈值和数据状态，当运行数据达到相应阈值时，更新数据状态并进行预告警提示。它提供两种数据显示格式：详细列表和视图列表，其中详细列表是以 GRID 表格的方式展现数据；视图列表通过实时图表的方式展现配电变压器的实时监测数据，如图 5-5 所示。

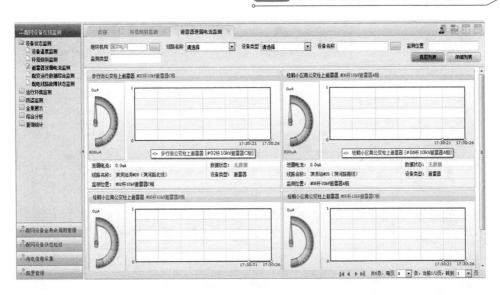

图 5-4　避雷器泄漏电流监测

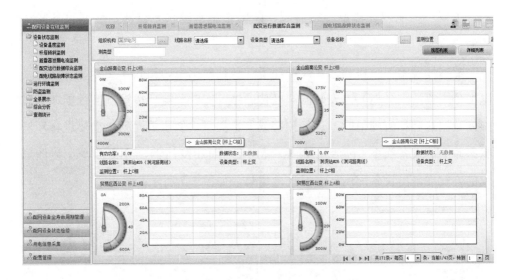

图 5-5　配电变压器运行数据综合监测

　　配电线路故障状态监测：在配电线路上安装故障电流传感器，监测配电线路的运行情况，在线路出现短路故障情况下，进行告警提示，并实现分支线路故障定位。它提供两种数据显示格式：详细列表和视图列表，其中详细列表是以 GRID 表格的方式展现数据；视图列表通过实时图表的方式展现配网线路上的线路故障信息，如图 5-6 所示。

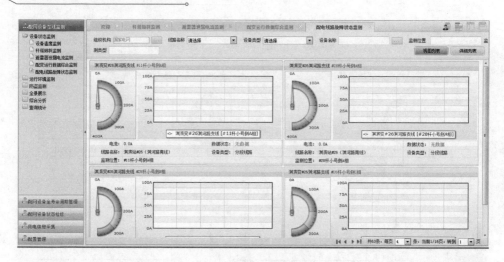

图 5-6　配电线路故障状态监测

5.1.2.2　运行环境监测

主要包括配网环境温湿度监测、配网设施水浸状态监测、配网设备噪声监测。

配网环境温湿度监测：在配网环境（包括配电室、箱式变压器、环网柜、电缆分支箱）室（柜）内安装温湿度传感器，实时监测环境温湿度数据，当温湿度数据达到相应阈值时，进行预警或告警提示。展示页面列出需要进行环境状态监测的设备类型（包括开闭站、环网柜、杆上变压器、分支箱等），以图形化的方式展示出设备配网环境温湿度信息，如图 5-7 所示。

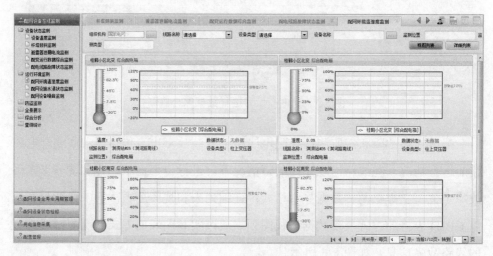

图 5-7　配网环境温湿度监测

配网设施水浸状态监测：通过安装水浸传感器，实时监测配网环境（包括配电室、箱式变压器、环网柜、电缆分支箱）室（柜）内水浸情况，当监测到室内有浸水状态时，进行告警提示。显示各种环境内的水浸状态监测信息，展示页面列出需要进行环境状态监测的设备类型（包括开闭站、环网柜、杆上变压器、分支箱等），以图形化的方式展示出设备水浸状态，如图5-8所示。

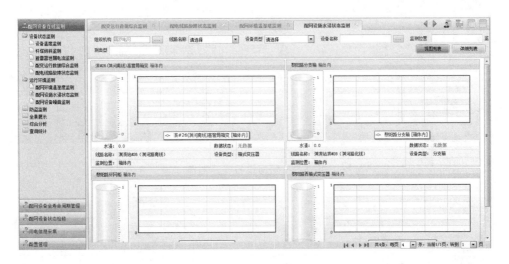

图 5-8　配网设施水浸状态监测

配网设备噪声监测：通过安装噪声传感器，实时监测配网设备（包括柱上变压器、箱式变压器、环网柜、电缆分支箱）产生的噪声分贝数，当噪声分贝达到相应的阈值时，进行预告警提示。显示各种环境内的噪声监测信息。展示页面列出需要进行环境状态监测的设备类型（包括开闭站、环网柜、杆上变压器、分支箱等），以图形化的方式展示出设备的噪声情况，如图5-9所示。

5.1.2.3　防盗监测

在环网柜、分支箱、箱式变压器门上安装门磁传感器，实现对柜门打开次数和打开时间的监测，并通过现场作业终端进行 RFID 识别，根据作业人员正常巡检时间综合判断柜门是否异常打开，以此作为设备防盗判断依据。展示页面列出进行防盗监测的各类设备类型，包括环网柜、分支箱、杆上变压器、电缆沟、电缆井等，以图形化的方式展示出设备位置分布，如

图 5-10 所示。

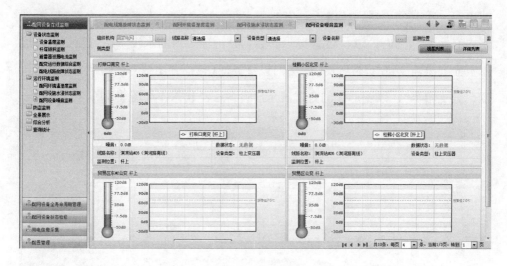

图 5-9　配网设备噪声监测

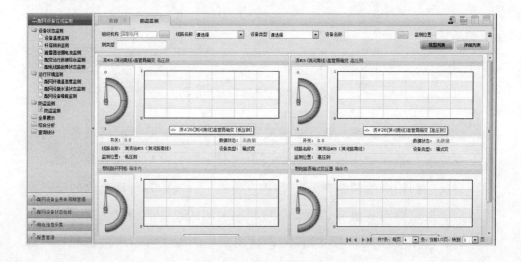

图 5-10　防盗监测

5.1.2.4　全景展示

在二维 GIS 地图上综合展示配电线路上所有监测设备的实时监测数据，并可查看设备的基础台账信息，包括设备名称、设备编号等。显示标有配网设备的 GIS 地图，并提供两类子功能：①对各类设备（各种开闭站、环网柜、分支箱、杆上变压器、配电线路等）的查询定位；②配电线路上的所有监测点的监测信息展示。其中正常状态的配电线路用细实线绿色标注、发生异常状态的配电线路用红色标注。全景展示如图 5-11 所示。

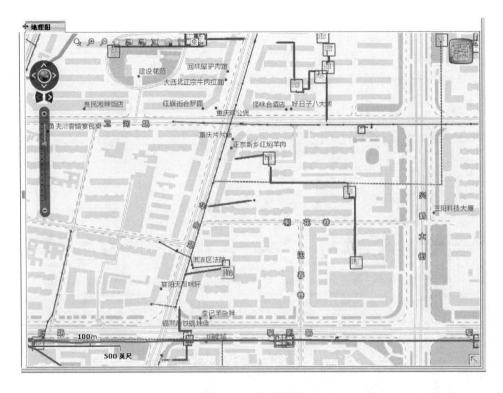

图 5-11　全景展示

── 正常状态配电线路；── 异常状态配电线路

5.1.2.5　综合分析

将配网设备运行状态告警数据进行多维度分析（达到阈值的设备数量、时间段等维度），以图表化（曲线图、柱状图、饼图等）的形式进行展现。

设备检测数据分析：配网设备运行状态综合分析是将配网设备运行状态数据与其预警告警阈值、历史状态数据进行对比分析，形象地在平面图或示意图上展示其综合分析结果以及相关监测数据，如图 5-12 所示。

运行环境状态综合分析：配网运行环境综合分析是对配网运行环境监测数据进行综合分析，通过不同的过滤条件将过滤后的数据以不同的展示手段（曲线图、饼状图、柱状图、趋势图）呈现分析结果，如图 5-13 所示。

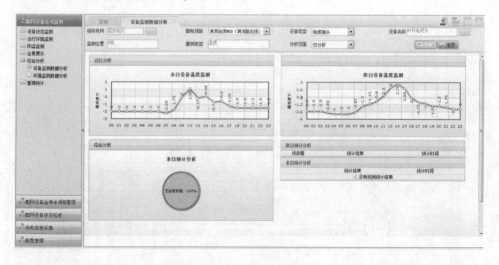

图 5-12　设备监测数据分析

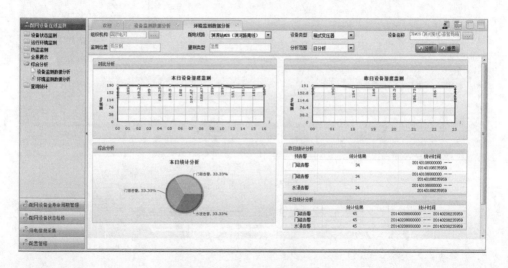

图 5-13　运行环境状态综合分析

查询统计：通过输入或选择查询条件对设备状态历史监测数据进行查询，并将查询的结果记录进行导出、打印等操作，如图 5-14 所示。

5.1.3　关键传感器

（1）无线开关柜门磁传感器。在变电站中，控制柜、开关柜等柜门在相关操作完毕后应及时关闭，没有关闭或非法打开，都可能会为设备的安全运行带来隐患。无线门磁传感器安装在柜门上，与永磁铁或电磁线圈等能形成磁场的器件配合使用，能够实时在线监测柜门的开、关状态，以及开关次数。该传感器具有体积小，安装方便等特点，不影响柜门的正常使用及其外观。

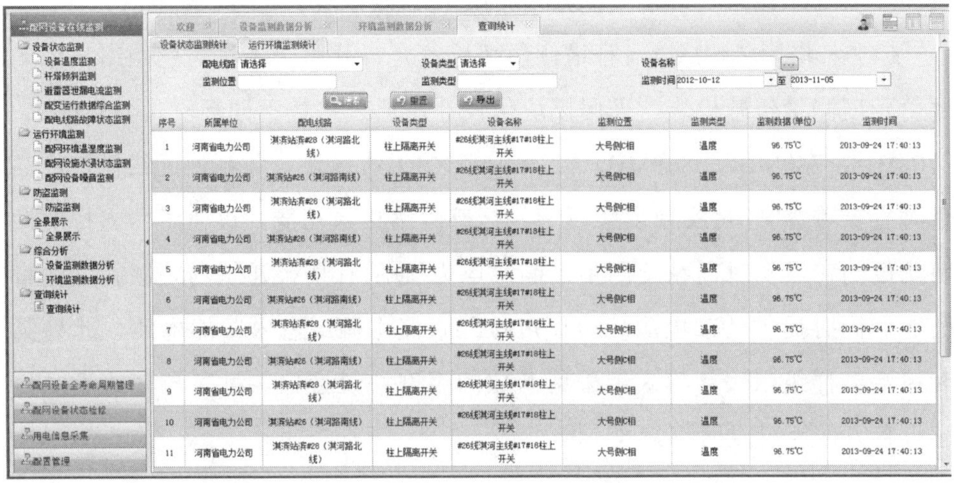

图 5-14　查询统计

门磁传感器功能要求：体积小、易安装、适应性好；IP68 防护等级，抗干扰能力强，满足强磁场等环境下的使用需求；实时在线，定期发送柜门的开关信息。

（2）水浸传感器。无线水浸传感器直接安装在需要测量是否浸（积）水的地方。每个传感器都具有唯一的 ID，实际安装时应记录监测点的物理位置，并一起录入主机数据库中。

水浸传感器以固定周期间隔发送无线信号，当其运行状态改变时，会以 6s 的间隔连续发送三次无线信号。状态改变的信号被数据传输基站采集到，并通过 RS-485 总线上传到控制主机。控制主机根据传感器 ID，可判断出何处产生状态变化和告警，以及状态变化的时间，即是否发生浸水和浸水的具体时间。

（3）无线温度传感器和无线温湿度传感器。无线温度传感器使用数字无线技术，一体化、微型化封装，可将无线温度传感器直接安装在电缆接头、闸刀触点、开关触点、铜排连接点、电抗器、消弧线圈、电容器外壳等处，实现对温度、温升和相间温差的高可靠实时在线监测，实现智能变电站设备运行温度的自动监测管理，为智能变电站的安全运行提供数据支持。无线温湿度传感器大多部署在变电站、配电站房、开关柜等位置，可以实时、准确地测量环境温度和环境相对湿度，实现对现场环境的远程监测，减少人工工作量。

（4）杆塔倾斜传感器。杆塔倾斜传感器是一款基于无线传感网络技术的倾斜角度测量传感模块，采用模块化设计，通过搭载不同频段（433MHz、470MHz、780MHz、868MHz、2.4GHz）的无线模块（各系列无线模块产品管脚直接兼容），可实现多频段无线传感网络接入功能。该传感器支持对倾斜角度的在线实时高精度测量，满足电力/通信杆塔，建筑物等倾斜度测量需求。同时提供外部电源接口，可接入直流电源或者太阳能电池。此外具有灵活多样组网设计模式，采用开放的组网协议接口，可以与其他无线传感设备方便地组成网络。

5.2 状态检修

5.2.1 概述

状态检修以设备实时运行状态为检修依据，建立于计算机技术、检测技术、电力技术、在线诊断技术等多学科技术的融合之上，核心是在线监测和分析诊断技术。状态检修的目的是在不影响设备正常运行或尽量减少影响的前提下，通过在线精确测量得到电力设备相关技术参数，经过状态检修专家系统的分析，提炼出设备发生故障时的早期征兆和特征，对设备发生故障时的故障点、故障深度以及故障的发展趋势做出准确判断，指导检修计划的制定，使设备能够得到更好的维修以及保养，最大限度地减少因检修造成的停电时间，延长设备的使用寿命，降低设备的维修和修复成本，从而做到"知道要修、需修才修、修必修好"。通过状态检修，可以减少电力设备定期检修造成的过度检修或者失修的问题，有效地提高电力设备的安全性和可用性。

5.2.2 基于物联网信息的检修策略

5.2.2.1 信息管理与决策流程

物联网技术主要解决的是信息获取问题，而信息如何管理以及如何制定决策来进行检修，则需要从全局考虑。状态检修作为一种先进的检修方式，是与多方面的管理工作分不开的。在考虑市场情况及技术条件的前提下，考虑一种包括状态检修在内的多种策略均衡应用的检修管理系统。引入专家诊断系统可以保障可靠性和安全性达到可接受的水平，并对检修计划及检修流程进行优化。

5.2.2.2 信息的分析与处理

电力设备的状态通常可以分为正常状态、异常状态与故障状态三种典型状态。正常状态指电力设备的整体或任意局部没有缺陷，或者虽有局部缺陷但并不影响设备的正常运行。异常状态是指设备整体或局部的缺陷有一定程度的扩张，使电力设备状态信号发生量的变化，电力设备的性能趋于劣化或已经劣化，但仍能维持工作状态。异常状态下应该严密监视设备的运行状态、性能变化趋势，并开始制定相关检修计划。故障状态指电力设备的性能指标已发生明显的降低，无法维持正常的工作。故障状态包括故障已有萌芽并有进一步发展恶化趋势的早期故障、故障程度尚不严重，电力设备仍可勉强"带病坚持运行"的功能性故障、电力设备不能继续坚持运行的严重故障以及已经导致灾害事故的破坏性故障等。得到物联网获取的数据信息后，需要首先进行必要的分析处理。分析的步骤为：①可能发生故障机理的分析；②在线重点监测获得进一步数据；③持续监测信息的采集、处理和存储，过往数据的提取；④故障特征量的提取、对比参照；⑤对照可能发生的故障，确定故障类型与故障位置。

5.2.2.3 制订检修计划

电力设备在线检修管理系统包括状态分析子系统和设备维修策略子系统。状态分析子系统利用系统数据库提供的设备数据，并根据知识库中的各类知识，对设备当前所处的健康状态、设备存在的故障隐患、设备状态的发展趋势等做出一个详尽的分析。在故障情况下，还可诊断出设备故障的类型和发生的部位。分析结果可以为运行人员提供参考，同时也是制定设备维修策略的依据。设备维修策略子系统在获得状态分析子系统的评判结果以后，根据知识库中的判据和相关标准，自动制定出维修方法和维修步骤，并根据安全性、可靠性和经济性方面的要求，优选出若干可行的维修方案。运行人员可以根据现场实际情况，选出其中的某一个进行实施。在设备状态分析和维修策略制定子系统中，均预留了与操作人员进行交互的接口。操作人员可以通过这些接口与评估程序和决策程序交互，根据实际情况添加一些规则，修改诊断或决策的步骤，将人的判断决策加入到机器的智能决策中，提高判断和决策的可靠性。

物联网信息分析结果的处理过程如下：

（1）报警信息的处理：根据报警信息类型对实时信息进行分类、处理。参照历史信息以及当前设备运行情况，对电力设备健康水平进行综合评价，分析和确认实时报警信息的可信程度及准确性，确认电力设备是否处于故障状态或异常状态。

（2）信息确认：利用主站控制功能，向下游控制设备下发控制命令，由下向上确认报警信息的准确可信。

（3）故障诊断专家分析系统：故障诊断专家分析系统属于状态分析子系统的一部分。该系统根据电力设备的报警信息以及周边相关设备的报警与实时信息展开推理分析。专家分析系统的建议仍然要提供给运行人员来决定，是否采用运行人员的经验推断还是采用专家系统的建议。

故障诊断专家系统是状态检修中最关键的环节。专家系统以电力设备的状态信息监测为基础，运用和对比专家知识库中存储的大量专业领域知识和经验，提取反映电力设备运行状态的物联网状态信息、二次设备提供的监测信息。模拟人类专家的思维方式和决策过程，对各类信息进行推理和判断，其结果为判断电力设备是否存在故障、确定出故障产生的原因、发生的位置及故障性质给出分析结论，从而指导维修计划。专家系统的分析过程很难用常规数学方法描述，可以理解或解释为人工智能技术，或善于模拟人类思维方式处理问题的过程，可以考虑人类学习、认知、经验的获取能力。检修计划的简明流程如图 5-15 所示。

5.2.2.4 检修计划实施的辅助决策

制定检修计划关键在于检修管理和辅助决策。经物联网获取的设备状态信息和经系统智能分析得到的最佳检修方案构成检修计划的重要部分。

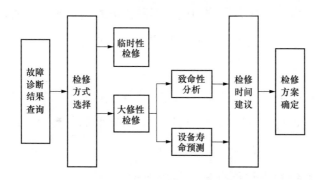

图 5-15　状态检修简化决策流程

（1）设备试验报表和统计资料的生成。系统可以将设备在进行出厂试验时得到的性能指标和一些统计资料，如近一段时期以来的运行情况、历史上的大小修情况、与同类设备的比较等，做成报表的形式供检修人员决策时参考。

（2）检修措施辅助决策和检修报告的生成。系统根据设备状态分析与评估的结果，以及故障诊断或者状态预测的结论，从系统维护策略库中根据相对应的情况，给出几套实际可行的检修方案供挑选。同时，对这些方案进行可靠性、安全性和经济性评估。检修人员可以结合自己的检修经验从中挑选出符合现场实际情况的方案进行实施。

（3）检修效果的评估。检修完成以后，检修人员将检修后的设备试验参数指标输入到数据库中，系统根据这些数据与检修前的数据进行比较，给出检修效果的一个评判值，生成检修报告，列出检修前后的设备参数，同时将这次检修经过一一记录下来供以后参考。

5.2.3　基于物联网状态检修与常规状态检修的区别

5.2.3.1　输、变、配电各个环节检修更为智能化

输电部分：主要是指输电线路。通常要求更低传输网损、更高传输效率，安全防卫、保电支撑等。采用物联网检测能够大量的节省人力和物力。如在节日保电时，某地区一次性就投入了 3000 多名线路巡线员。物联网技术成熟之后，这一状况有望得到极大改善。

变电部分：随着变电站无人或少人值守模式的逐步推进，对于电压等级高、占地面积大的变电站，现有监控和监测手段已不能满足实际需要，这就需要依托物联网技术，建立一张更加全面的监控网络，从而实现无人或少人值守变电站的集中控制。

配电部分：配电设备点多面广，技术装备相对于主网而言较为落后，仅仅依靠人力巡检很难及时发现问题。通过物联网技术实现状态检修能够有效地改变这种状况。

5.2.3.2　多种先进智能感知设备的支持

物联网技术提供了多种全新的智能感知设备，为实现配网状态检修提供了全新的信息支持。位移、速度、加速度、压力、液面、流量、振动多种传统方法难以测量的状态量，在智能电网框架下，通过物联网技术都能够实时准确的测量。此外，智能高压设备还采用了内部结构可视化技术及手段，如可移动探头、X射线、红外监测窗口等技术，在不影响内部绝缘、密封性能的前提下，实现对不同类型设备采用不同检测方法。

新的感知设备为数据的获得和存储提供了可能，也为更为全面系统地分析提供了支持，成为了基于物联网状态检修的关键。以继电保护的状态检修为例，传统的状态检修由于没有感知设备的支持，只能依靠人工巡视和设备自身的错误监测功能完成，根本无法达到实时、准确的效果。

在传统条件下，对35kV及以上油浸式电力变压器和电抗器进行巡检时，关于变压器的冷却系统的检测，只能做到从外观上观察冷却系统的风扇运行是否正常，出风口和散热器有无异物附着或严重积污；潜油泵有无异常声响、振动，油流指示器是否指示正确，指针有无异常抖动或晃动，有无渗漏等。但是，变压器冷却系统的故障往往是很难单独凭借这些指标来判断的，更何况这些指标有时候还只是表面现象。基于物联网技术的红外热像感知设备，可以精确地判断变压器的温度，一旦有任何异常，就可以及时采取措施。

传统的检测条件下变压器异响的检测也是如此（见表5-1）。一般需要人工监听和经验判断。由于变压器所处的环境限制，人工监听的时间和效果都难以得到保障。

表 5-1　　　　　　　　　　变压器声响经验总结一览

声音表现	故 障 判 断
"嗡嗡"的均匀电磁声	正常运行
"吱吱"声	当分接开关调压之后,响声加重,以双臂电桥测试其直流电阻值,均超出出厂原始数据 2%,属接触不良,系触头有污垢而引起的
清脆击铁声	高压瓷套管引线,通过空气对变压器外壳的放电声,是变压器油箱上部缺油所致
沉闷的"噼啪"声	高压引线通过变压器油导致外壳放电,属对地距离不够或绝缘油中含有水分
似蛙鸣声	当刮风、时通时断、接触时发生弧光和火花,但声响不均,时强时弱,系经导线传递至变压器内发出的声音
变压器内发出音响较小的"嗡嗡"均匀电磁声	高压套管引线较细,运行发热断线,又由于经过长途运输、搬运不当或跌落式熔断器的熔丝熔断及接触不良
"虎啸"声	当低压线路短路时,短路电流突然激增
烧开水的沸腾声	变压器线圈发生层间或匝间短路,短路电流骤增,或铁心产生强热,导致起火燃烧,致使绝缘物被烧坏,产生喷油,冒烟起火

在物联网条件下,通过声音传感器,就可以随时记录下变压器的任何响声,应用声音频谱技术,将响声与系统内标准声音进行声音频率和幅值的比对,再辅之以油色谱、局部放电等数据,对其进行细致的分析,就可以对相应的问题进行处理。

5.2.3.3　数据传输和存储的便利性

物联网技术为数据更方便、更可靠地传输提供了可能。传统方法中,数据的传输往往依靠电缆,通过电信号进行传播。电缆容易受到电磁干扰,可靠性偏低,长期运行还容易受到潮湿、污秽等情况的影响,准确性下降且容易出现故障,导致信号中断。在部分场合下,由于电缆使用不便,还可能导致测量到的数据无法传递的情况,如电力设备内部的状态量和远程设备的测量状态。物联网技术下,信号传输一般采用光缆,信号不失真,传输量大,且不受外界电磁干扰影响。对于设备内部的状态量,或者不便于直接连接的信号,还可以采用无线传输,保证数据可以随时传送到主站。由于传输来的数据为数字量,主站可以直接存储,为日后的分析和比较奠定基础。

随着信息技术的不断发展，无线通信技术在物联网的应用也随之增多，在很多通信光缆没有铺设到位的区域，可以借助 4G/3G 网络或者 GPRS 技术通信手段来传输数据。

5.2.3.4 更智能的专家系统

专家系统在当前的设备状态检修中也有应用，但由于数据量、信号源的限制，无法最大化发挥其作用。而基于物联网技术的专家系统可以提供更多、更全面的信息。由专家系统的特点可知，依据更多更准确的信息，专家系统的决策准确度将会更高。但过多的信息也为专家系统的构建增加了难度。为了解决这一问题，可采用数据权值的方法，即对于不同的信息，采用不同的比重进行决策。以变压器状态检修为例，变压器的轻微故障或隐患，往往伴随着气体的变化，因此气体含量检测信息的意义较大，在专家系统中的权值也更大。而位移和速度等信息，虽然也很重要，但更大的可能是由于测量错误而非变压器的隐患导致，因此给予较小的权值。其次是多种信息量的相互制约，仍以变压器状态检修为例，变压器的轻微故障或隐患，同样伴随的状况还有电流的变化，如果近期内电流无变化，而气体含量变化显著，则可以怀疑是变压器状态恶化。而近期内电流变化显著，气体含量变化可能是由于运行条件导致的，应当对此信息予以闭锁。

5.2.3.5 高效的智能化巡检系统

物联网条件下的智能巡检系统，集成无线热点技术、掌上电脑和计算机网络通信技术，基于"移动信息平台"概念，变革传统巡检工作方式。传统状态系统将全部变电设备进行分类统计，对每类设备按检修规定要求在系统中定义检修、试验项目和标准等，并生成与设备对应的二维条形码。而应用物联网技术的系统则是用无线热点替代二维条形码，作业人员利用手持机按照提示的巡视路线进入设备区依次巡视。到达某个区域后，手持机与设备上的无线热点进行匹配。如匹配成功，显示该设备的巡视作业内容并由巡检人员填写，否则发出错误匹配信息并提示下一个应该巡检的设备名称。手持机与主机采用无线连接方式，巡检结果快速上传至管理工作站，作业和管理人员共享同一变电站巡检信息，如图 5-16 所示。通过智能巡检验证实现对巡检工作的监督和管理，保证巡检人员按时到岗巡查，为巡检和数据管理提供了强有力的技术支持，也为管理者决策提供了可靠依据。

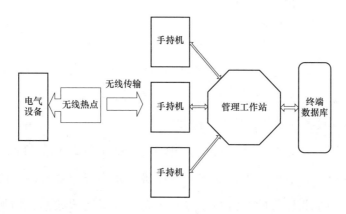

图 5-16　物联网技术下的智能检修系统数据流程图

5.2.3.6　节约人力资源

物联网技术的出现，使得电力设备的检修效率大为提高。在传统的检修条件下，所有的电力设备需要人工到场巡视、检查，尤其是一些偏远的山区，巡视一遍甚至需要多个人数天的时间。而且巡检人员的安全也无法保障。物联网技术的出现以及在电力设备状态检修上的运用，改变了这一现象。大量的传感设备以及网络设备的运用，使得许多常规数据不需要人工巡检即可实时获取，节省了大量的人力资源，提高了企业的经济效益。同时，能够克服人工巡检容易发生遗漏的弊端，确保检修更加高效。

5.2.3.7　检修更加安全

在传统的变压器轻瓦斯动作以及重瓦斯动作的检查过程中，都需要运行人员实际到场进行检查，比如检查变压器油位是否偏低，若油位偏低，检查变压器是否存在漏油，及时通知相关人员取油样化验、进行补油等。这些需要人工进行操作。在极端恶劣天气的条件下，极易造成巡检人员的人身伤害。另外由于人工巡检存在不确定性，变压器出现安全隐患有可能不会被及时发现。物联网条件下，设备监测无需人工实际到场，通过各种传感器即可及时发现问题，并将问题发送给相关的维修、维护人员。这样，一方面能够确保巡检人员不被伤害；另一方面，还能够确保相关问题被及时发现，使检修工作更安全，更准确。

5.3 全寿命周期管理

5.3.1 概述

传统的设备管理（Equipment Management）主要是指设备在役期间的运行维修管理，是从设备可靠性的角度出发，为保障设备稳定可靠运行而进行的维修管理。包括设备的安装、使用、维修直至拆换，体现的是设备的物质运动状态。资产管理（Asset Management）更侧重于整个设备的相关价值运动状态，其覆盖购置投资、折旧、维修支出、报废等一系列资产寿命周期的概念，其出发点是整个企业运营的经济性，具有为企业降低运营成本、增加收入而管理的内涵，体现的是资产的价值运动状态。现代意义上的设备全寿命周期管理，涵盖了资产管理和设备管理两方面，称为设备资产全寿命周期管理（Equipment-Asset Life-Cycle Management）更为合适，它包含了资产和设备管理的全过程，即从采购、（安装）使用、维修（轮换）、报废等设备管理的一系列过程。因此考虑设备全寿命周期管理，要综合考虑设备的可靠性和经济性。

电力设备具有使用周期长、使用地点分散等特点，在采购、调试、运行保养、维修到报废的整个寿命周期内会产生海量数据，这些数据需大量的统计、分析和处理。当设备出现变动时，还必须及时对设备台账进行更新，否则会造成设备台账和现场实物不一致。RFID 电子标签能够以非接触方式自动识别目标对象并获取相关数据，通过信息传递而达到对象识别的目的。

以 RFID 电子标签作为媒介来实现设备台账和现场设备的映射关系，可以实现实时联动，一旦设备发生变动则自动跟踪，使得任意时刻的设备状态有迹可查。RFID 电子标签具有的大容量、多目标识别和非接触识别、抗电磁干扰等特性，保证其在恶劣环境下能良好工作。巡检人员可以在安全位置扫描站内设备标签，使电网企业运用 RFID 技术实现电力设备全寿命周期管理成为可能。

5.3.2　基于 RFID 的电网设备全寿命周期管理流程

在设备上粘贴 RFID 电子标签，标签中记录有该设备的制造商、规格型号、设备资产目录的名称、启用时间、使用地点、实物保管员、归口管理部门等信息。作为该设备的"身份证"，在设备采购及领用阶段、工程建设阶段、生产运营阶段、退役报废等各阶段对设备进行智能化监控，实现电力设备的属性数据到设备管理系统的自动录入，如图 5-17 所示。

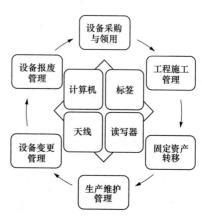

图 5-17　电力设备全寿命周期管理

（1）设备采购及领用阶段。在电力设备从采购进场开始，就在设备上附着 RFID 电子标签，让资产从一开始就有了唯一的"身份证"编号，从源头上保障全寿命周期监控目标的实现。RFID 电子标签在粘贴前已完成对应设备的信息写入。在设备出库时，将移库单信息下载到 RFID 读写器终端，然后用终端设备批量扫描标签，在设备台账中完成出库统计。

（2）工程建设阶段。设备入场之后，使用 RFID 终端设备，可以直接读出设备信息。确认信息之后将到货设备进行分类存放。具体操作过程如下：先将台账信息下载到 RFID 终端设备上，用终端设备扫描现场设备上的电子标签，即可查验现场实物和台账资产的对照关系。在建设过程中对电力设备 RFID 标签进行读取，保证实时获取资产信息，进一步可知道资产的库存现状。及时获取各类设备信息，可以确保资产状态完好，同时防止重复投资。高价值的资产带有源标签，若在堆放区放置阅读器，设备未经放行进入堆放区会报警，也可以在仓库出口放置阅读器，当被监控资产未经批准移出仓库便会报警。

（3）生产运营阶段。在生产运营阶段时，所有电力设备均已贴上 RFID 条码标签。在设备资产盘点，执行大批量扫描时，盘点人员用手持式读卡器从终端系统中下载清单，之后根据任务列表逐个抄录设备数据，当 RFID 读写器读取到设备的电子标签时，手持终端自动定位到当前设备，并根据设备的具体类型，进行 RFID 码值感应和 GPRS 定位操作，当码值和现场的设备信息完全一致，可认为设备资产正常。当所列清单上的设备全部检查完之后，盘点人员执行上传任务，将盘点结果发送给后台管理系统，整个流程如图 5-18 所示。

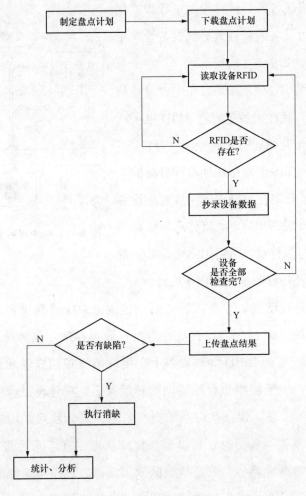

图 5-18　基于 RFID 的资产盘点流程

当设备发生场地转移时，只需在台账中把相应的位置参数进行修改。因设备采用了唯一的"身份 ID"作关联，设备与其相关缺陷、维护等信息的关联保持不变。

（4）退役报废阶段。当电力设备到达使用年限，经技术鉴定需要做报废处理时，使用 RFID 终端设备扫描退役设备的 RFID 电子标签，核实其信息准确无误后，在台账中将相关设备信息注销即可。

5.3.3 电力设备全寿命周期管理系统

基于物联网技术的电力设备全寿命周期管理系统包括数据采集层、信息传输层和应用中心层。数据采集层是实现该系统的基础，由各种传感器和 RFID 标签组成；信息传输层建立在现有的光纤通信网基础上，将 RFID 采集信息和传感数据上传至数据中心；应用中心层将信息进行分析处理，为用户提供特定服务。系统架构如图 5-19 所示。

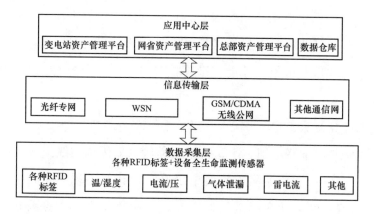

图 5-19 电力设备全寿命周期管理系统架构

（1）数据采集层。数据采集层主要由各种 RFID 标签、各种传感器和接入网关组成，包括数据接入网关之前 RFID 网络和传感器网络。RFID 标签安装在电力设备上，用以标识设备信息，而传感器用来感知重要设备全生命状态数据（温度、湿度、图像）等，组网传递到上层网关接入点，由网关将收集到的识别感知信息通过网络层提交到后台处理。感知层是物联网发展和应用的基础，RFID 技术、传感技术、短距离无线通信技术和长距离无线通信技术都是本系统感知层涉及的主要技术。

（2）信息传输层。物联网的网络层建立在现有通信网基础上。通过各种传感器和 RFID 标签与通信网相连，将资产标识信息和采集到的传感数据通过可信网关接入传输层，上传到电力设备管理中心数据库。

（3）应用中心层。应用中心层对感知数据进行分析处理，实现对各区域电力设备信息的查询、维护和处理。通过资产管理平台的信息显示、统计、查询、分析，能直观地给出设备状况的辅助判断，利用数据挖掘、信息融合等技术实现对数据联合处理、综合判断等功能，实现对各区域电力设备、资源、运行状况的全面监控与管理。

5.4 节能降损

5.4.1 概述

影响配网电能损耗大小的因素有多种，既包括配电网结构与供电方式、设备型号参数、供电电压、功率因数、负荷变化、三相平衡等技术因素，又包括计量管理、计划指标、线损考核等管理因素，只有对这些因素进行全面精细地计算、比较和分析，才能找准降损方向，以最少的投入产生最大化的节能效果。

传统的计算方法和管理手段存在以下不足：

（1）计算过程不够精细、计算结果误差较大。传统的线损理论计算如均方根电流法、电量法普遍采用等值电阻算法，计算过程中忽略了电压降、负荷变化的差异性、功率因数的差异性、三相负荷不平衡等因素的影响，造成计算结果远离实际值，无法为线损考核和制定计划指标提供有价值的参考。

（2）降损方法片面、降损工作缺少轻重缓急。例如负荷三相不平衡调整时只调整到变压器平衡，而没有认识到各分支线路三相平衡对导线损耗的重要影响。

（3）软件操作复杂、人员水平影响降损效果。由于配网结构复杂、设备繁多，传统计算需要录入大量数据，线路更新时数据难以及时维护，无法经常性地有效开展损耗计算和分析工作。同时损耗计算涉及到较强的专业理论知识，供电企业的线损管理水平受制于人员的技术素质。

基于传感器、无线通信、光纤通信、大数据处理等先进技术融合而成的电力物联网，可以实现配电网各类信息的及时采集和反馈，从而为研究分析配电网降损技术提供了新的手段。

5.4.2　关键技术

线损理论计算是实现配网降损的基础，而算法是线损理论计算的核心。传统算法中普遍采用简化计算的方式，例如不考虑电压降、电压变化、功率因数变化、线路三相不平衡等因素的影响，造成计算结果的较大误差。

通过物联网技术，能够以非常短的时间周期，长时间自动采集配网节点有功功率（P）、无功功率（Q）、电压（U）等信息，为更加精确的线损理论计算提供了条件。同时扩展了传统日负荷曲线的概念，在负荷曲线中增加了无功功率和电压随时间变化的因素，同时可以灵活设置采集周期和时间。见图 5-20。

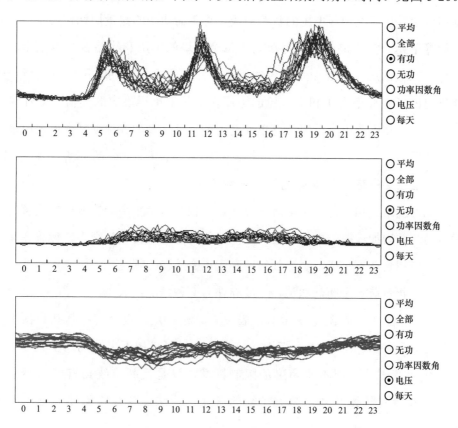

图 5-20　配网节点有功功率、无功功率、电压负荷曲线

节点负荷曲线提高了线损理论计算的精确度，配网线路首端和配电变压器普遍安装了用电信息采集系统，可以周期性连续测量各个节点的负荷变化数据，形成节点负荷曲线，避免了传统计算过程中采用代表日负荷曲线不能真实反映

线路节点实际负荷变化的不足。

5.4.2.1 基于多节点负荷曲线的分时分相算法

与传统算法相比，基于多节点负荷曲线的分时分相算法在计算过程中避免了过多的简化计算，并且又以物联网的大数据作为支撑，因此计算出来的理论损耗更接近真实值，计算精度更高。

算法的基本原理是使用向量模型分相表示参与计算的所有物理量，通过分析配网矢量图中节点及线路的拓扑关系，建立所有杆塔和每一档线路的节点链表；通过设计的通用数据接口，从电力物联网等系统中获取每个节点的电量数据和包含有功、无功和电压的负荷曲线；将负荷曲线的测量周期作为一个独立的计算单元，在假定这个计算单元中每个杆塔的电压和线路首端电压相同的条件下，依次迭代计算出每一段线路的电流和每个杆塔的电压，直到新一轮计算出的所有杆塔电压和上一轮的电压在数值上小于设定的阈值，即计算过程收敛时，使用该电压计算所有单元的电能损耗，累加各项损耗数值得出最终计算结果。

5.4.2.2 线路三相负荷统计不平衡度

配网线路三相负荷不平衡普遍存在，三相负荷不平衡会影响电气设备的正常运转，并增加线路的电能损耗。配网线路配电变压器数量众多，如果在运行中存在三相负荷不平衡，会增加线路和配电变压器的损耗。

在三相负荷不平衡问题上，主要存在着两种情况：

（1）由于大多数配电变压器总表没有分相计量，也没有在基础数据中全面统计过每个单相表的实际相别，因此无法掌握三相不平衡的真实程度。虽然有配电变压器三相不平衡度的限制标准，只是反映了线路首端的不平衡情况，缺少对线路整体三相不平衡的统计，无法反映线路整体的三相不平衡状态。

（2）虽然认识到了三相不平衡的问题，但是缺少计算严谨、操作简便的工具支持，无法开展有效地调整工作。有的进行了手工统计和调整，但是工作量很大，调整效果也受到具体操作人员业务水平高低的影响。

配网线路三相不平衡问题亟待解决。虽然把配电变压器调整到三相平衡很简单，但是配电变压器的三相平衡不一定能实现整体线路的平衡，而且三相不平衡度的算法以及量化主要都是针对于配电变压器的，亟需要对线路三相负荷不平衡度进行量化，所以，提出"线路三相负荷统计不平衡度"的概念，用来量化线路三相负荷不平衡度的状态。

由于传统三相负荷不平衡度的计算对象是变压器，其计算结果只能反映变压器的三相负荷不平衡状态，并不能真实反映线路整体的三相不平衡状况，有时会造成变压器三相平衡但线路三相严重不平衡的"假平衡"的现象。

常见的三相不平衡度计算公式有如下两种：

1）公式Ⅰ：最大相负荷和最小相负荷的差值/最大相负荷×100%；

2）公式Ⅱ：单相负荷与平均负荷的最大差值/平均负荷×100%；

引入公式Ⅲ：对称分量法中负序分量/正序分量×100%。

表 5-2 是通过上述三种公式计算所得结果。

表 5-2 三相不平衡度计算结果

序号	A 相负荷	B 相负荷	C 相负荷	公式Ⅰ	公式Ⅱ	公式Ⅲ
1	1	1	1	0%	0%	0%
2	1	1	0.5	50%	40%	20%
3	1	1	0	100%	100%	50%
4	1	0.5	0	100%	100%	58%
5	1	0	0	100%	200%	100%

从表 5-2 中的计算结果可以明显看出，公式Ⅰ和公式Ⅱ虽然计算方法简单，但是无法准确描述所有的三相不平衡情况；公式Ⅲ虽然需要借助计算机辅助完成计算，但是其数值结果比较科学合理，反映了各种三相不平衡的程度，所以采用公式Ⅲ计算台区的三相负荷不平衡度。三相负荷的"假平衡"见图 5-21。

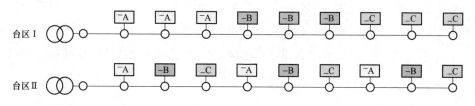

图 5-21 三相负荷的"假平衡"

图中的台区Ⅰ，假设每个单相表箱的功率和用电规律均相同，那么变压器的三相负荷不平衡度就是 0%，表面上是完全平衡但其实在局部线路上却是不平衡的。台区Ⅱ的相别设置显然更为合理，同等条件下其线路的损耗将会小于台区Ⅰ。

线路三相负荷统计不平衡度的计算，是采用对称分量法，按照每一段线路各相流经的电量，计算出各自的三相不平衡度，然后以每一档线路的长度为加权，计算出整条线路的三相负荷统计不平衡度。线路三相负荷统计不平衡度的具体计算公式如下：

$$\varepsilon = \frac{\sum_{i=1}^{n} \varepsilon_i l_i (I_{ai} + I_{bi} + I_{ci})}{\sum_{i=1}^{n} l_i (I_{ai} + I_{bi} + I_{ci})} \times 100\%$$

式中　　ε——线路的三相负荷统计不平衡度；

　　　　ε_i——每一档线路的三相负荷不平衡度；

　　　　l_i——每一档线路的长度；

I_{ai}，I_{bi}，I_{ci}——每一档线路的各相电流大小。

5.4.3　系统设计

基于电力物联网数据的降损分析系统主要功能如图 5-22 所示。

5.4.3.1　网络架构

随着信息、通信技术的飞速发展，供电企业建立起了自上到下的通信专网，为信息系统的建设提供了便捷的网络平台。基于电力物联网数据的降损分析系统通过网络通道访问系统服务器，实现供电企业及下属供电所的系统应用。降损分析系统的网络架构如图 5-23 所示。

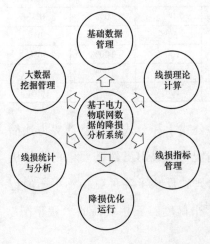

图 5-22　降损分析系统的主要功能

基于电力物联网数据的降损分析系统采用三层结构设计，包括数据库服务层、应用服务层和表示层（客户端）。

（1）数据库服务层（Data Access Layer）。使用 Oracle 数据库管理系统，服务器放在供电公司机房，所有系统的数据信息全部存放在该服务器上，通过定时自动备份的方式提高系统的安全性。

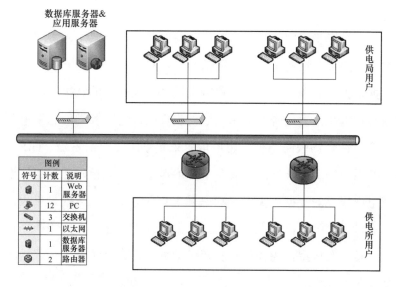

数据库服务器&
应用服务器

供电局用户

图例		
符号	计数	说明
	1	Web服务器
	12	PC
	3	交换机
	1	以太网
	1	数据库服务器
	2	路由器

供电所用户

图 5-23　基于电力物联网数据的降损分析系统网络架构图

（2）应用服务层（Business Logical Layer）。使用 Windows Server 2003 操作系统自带的 Internet Information Service 6.0 作为 Web 服务器，与数据服务层同在供电企业内部网络中。这一层接受用户对数据库的访问请求，向数据层提交或获取数据，并将结果返回给客户端。

（3）表示层（User Interface）。所有使用该系统的计算机都称为客户端，系统通过浏览器进行安装，运行在客户端计算机上，通过应用服务层实现数据的提交与获取。

采用三层结构的优点在于：①数据的安全性高。由于对数据库的访问只能通过应用服务器来完成，所有的客户端都不能直接对数据库进行访问，所以数据的安全性得到保障。②维护和升级方便。采用浏览器访问的方式进行系统地安装，安装完成后可以通过浏览器进行系统的访问；在系统升级时，只需要升级服务器上的程序文件，客户端则会自动进行系统升级。③服务器和客户端资源的合理分配。系统运行在客户端计算机上，只是通过网络访问应用服务层，实现数据的获取和提交，充分利用了服务器和客户端计算机资源，同时作为数据库服务层和应用服务层可以通过一台计算机实现这两个角色，充分利用设备资源。

5.4.3.2 基础数据管理

基础数据是指和配网线损管理工作相关的各种数据信息，主要包括各个电压等级的线路图形、设备参数、台账信息、电量数据、运行方式、记录等。这些基础数据是否全面和准确，直接影响了线损理论计算的结果。

物联网技术在电力系统的应用，进一步提高了电网各类信息采集和管理的广度和深度。结合物联网系统、用电信息采集系统、营销系统、GIS（地理信息系统）等系统的多种数据源，具备了开展对电网损耗精确计算的技术条件。由于涉及电网损耗的数据种类多、动态采集数据量庞大、数据总量大、数据价值密度低等特点，因此需要在计算机技术的辅助下，建立专门的数据查询、抽取、筛选、转换等模型，为损耗计算提供数据支持。系统对多种数据源的大数据需求如表 5-3 所示。

表 5-3　　　　　　　　系统对多种数据源的大数据需求

序号	数据源	数 据 需 求
1	电力物联网系统	1.1　电流传感器信息：归属线路、电流传感器 ID、电流传感器监测位置 1.2　电流传感器数据：电流传感器 ID、监测时刻、电流值 1.3　温度传感器信息：归属线路、温度传感器 ID、温度传感器监测位置 1.4　温度传感器数据：温度传感器 ID、监测时刻、温度值 1.5　配电变压器综测信息：归属线路、配电变压器综测节点 ID、配电变压器综测节点位置 1.6　配电变压器综测节点数据：配电变压器综测节点 ID、监测时刻、有功读数、无功读数、电压读数、电流读数
2	用电信息采集系统	2.1　配电变压器计量点编码：单位编码、计量点编码、计量点名称（计量点对应的变压器名称或台区名称）、TV 倍率、TA 倍率 2.2　配电变压器计量点负荷数据：单位编码、计量点编码、测量时刻、正向有功电量、反向有功电量、正向无功电量、反向无功电量、平均线电压、A 相有功电量、B 相有功电量、C 相有功电量 2.3　高压开关计量点编码：单位编码、计量点编码、开关名称、TV 倍率、TA 倍率 2.4　高压开关计量点负荷数据：单位编码、计量点编码、测量时刻、正向有功电量、反向有功电量、反向无功电量、平均线电压、A 相有功电量、B 相有功电量、C 相有功电量 2.5　低压户表负荷数据：单位编码、户号、有功电量、测量时刻

续表

序号	数据源	数　据　需　求
3	营销系统	3.1　单位信息：单位编码、单位名称 3.2　高压线路：单位编码、线路编码、线路名称、电压等级 3.3　台区：单位编码、线路编码、台区编码、台区名称、配电变压器编码、台区负责人 3.4　单位编码、线路编码、配电变压器编码、配电变压器名称、型号、容量、性质、计量方式 3.5　低压电能表台账：单位编码、台区编码、表编码、户号、户名、主用电类别、电能表型号、表箱编号、相别 3.6　高压线路及关口表电量：单位编码、线路编码、关口表地址、年月、有功、无功、A 相有功、B 相有功、C 相有功、线路运行时间 3.7　配电变压器电量：单位编码、配电变压器编码、年月、有功抄见、无功抄见、有功变损、有功线损、A 相有功抄见、B 相有功抄见、C 相有功抄见、配电变压器运行时间 3.8　低压电能表电量：单位编码、台区编码、电能表编码、年月、有功抄见、有功实收 3.9　高压线路平均电价：单位编码、线路编码、年月、总售电量、总电费 3.10　台区平均电价：单位编码、台区编码、年月、总售电量、总电费
4	地理信息系统（GIS）	4.1　杆塔信息：线路名称、杆塔 ID、经度、纬度、杆号、高度、节点 4.2　线路信息：杆塔 ID1、杆塔 ID2、导线型号、线制、根数 4.3　变压器信息：接入杆塔 ID、变压器名称、变压器型号、变压器编号、变压器相别、变压器性质、安装方式、高压侧计量 4.4　表箱信息：接入杆塔 ID、表箱号、表箱类型、表箱相别、接户线型号、接户线根数、接户线长度 4.5　电容器信息：接入杆塔 ID、容量、补偿方式

5.4.3.3　线损理论计算

系统的线损理论计算功能，以严格的电路理论为依据，以全面的基础数据管理为保障，运用创新设计的算法，实现对配网各个电压等级的线损理论计算。它不仅为线损指标管理提供可靠的参考数据，也是所有降损优化调整的理论依据，如图 5-24 所示，其主要特点有：

（1）计算精度高，先进的算法是准确计算的保障。

（2）操作简便，不需要手工输入数据，每个月只需要点击鼠标。

（3）使用统一的平台完成配网计算。

（4）计算方式灵活，可以一次执行多个月份的计算，也可以按照月平均电量

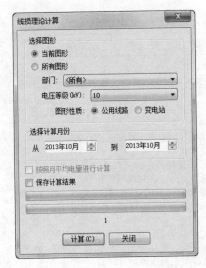

图 5-24　线损理论计算方式选择

进行计算。

（5）计算结果丰富，便于进行线损分析和降损研究。

（6）提供任意线路分段计算，满足整条线路多人管理时的考核需要。

（7）提供实时在线监测计算，可以同时监测多条线路。

（8）具有智能提示功能，能够帮助用户修改基础数据的错误。

（9）在计算的同时，具体线路具体分析，按照降损效果的轻重缓急，提出降损建议。

该功能可以对所有电压等级的电力线路按月进行线损理论计算，并用不同的形状和颜色来表示不同的计算结果。10kV××线损理论计算见图 5-25，计算报告单见图 5-26。

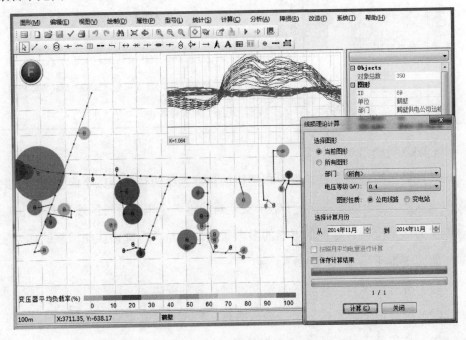

图 5-25　10kV××线损理论计算

图 5-26　10kV××线损理论计算报告单

5.4.3.4　线损指标管理

制订科学的线损指标是线损考核工作的核心内容，是有效降低管理线损、激励员工积极降损的保障。

由于系统的线损理论计算功能具有操作简便、执行高效的特点，每个月可以很方便地计算出所有线路的理论线损值，所以，这样的理论线损率能够及时反映线路最新的状况，是实现动态考核的基础。所谓动态考核，就是每月根据线损理论计算的结果，给每条线路下达考核指标。相对于一年一个指标，或者一个供电所一个指标的管理方式，动态考核更加科学，对提高线损管理水平具有更加积极的意义。

双指标管理模式是在下达线损指标时，分别下达两个层次的指标，第一个层次的指标称为考核指标，第二个层次的指标称为激励指标。其中考核指标相对容易完成，考核分析时会统计出按照这个指标来考核，每个单位应该奖或者罚的电量。而激励指标要求更高的线损管理水平，是一种通过激励的方法来进一步促进降损工作的管理办法。系统支持双指标管理模式，也支持单独的考核指标管理模式。系统满足不同的考核管理方式，既可以考核统计线损，也可以考核营销线损。在系统上设置好考核系数后，可以直接查看详细的考核结果，使得线损考核工作能够更加科学合理。

5.4.3.5　降损优化运行

系统从影响配网线路线损的各项因素出发，提供全面、优化的降损方案，科学指导线损管理工作，确保配网的优化运行。

（1）无功补偿（见图 5-27）。与一般的无功补偿计算相比，该系统的特点在于：①计算出所有配电变压器的空载无功功率的总和，这个数值决定了静态补偿的容量，因为选择补偿容量的前提条件是要避免配电变压器空载时造成过补偿。②根据负荷曲线的无功部分，计算出无功负荷的特性，包括最小值、平均值和最大值，如果使用动态补偿，这些特性对于选择补偿容量至关重要。③在补偿位置的计算上，系统不是按照负荷在线路上均匀分布的假设下计算的，而是按照实际的负荷分布来计算，因此计算出的补偿位置更加合理。④在系统给出的计算容量基础上，用户可以根据无功特性对补偿方式和容量进行手工调整，验证补偿效果。

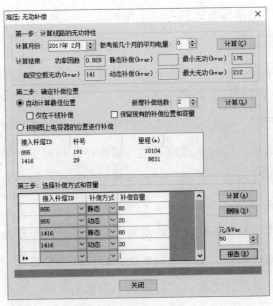

图 5-27　无功补偿

（2）配电变压器经济运行调整（见图 5-28）。根据线损理论计算时得到配电变压器的平均负载率和最大负载率，如果配电变压器过于轻载或者严重过载，系统将会提示进行变压器调整，并且给出最合适的变压器型号和容量。

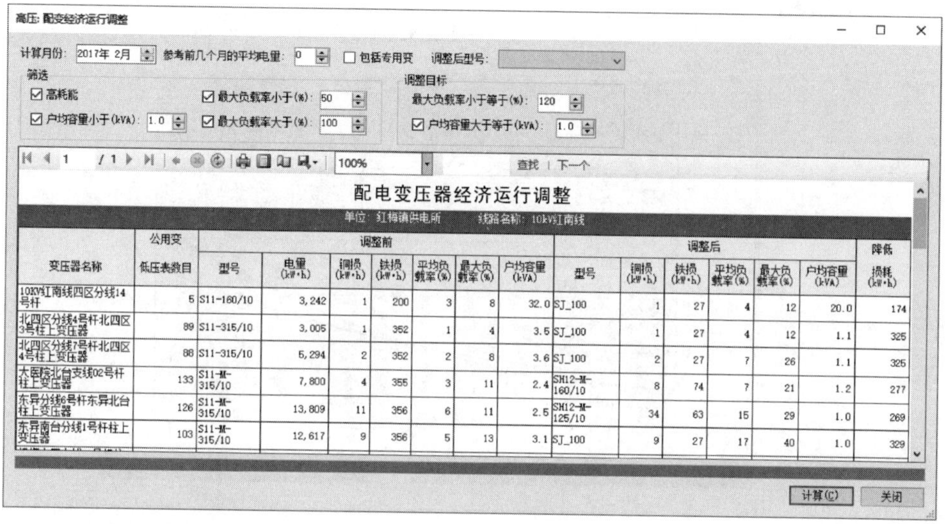

变压器名称	公用变低压表数目	调整前 型号	电量(kW·h)	铜损(kW·h)	铁损(kW·h)	平均负载率(%)	最大负载率(%)	户均容量(kVA)	调整后 型号	铜损(kW·h)	铁损(kW·h)	平均负载率(%)	最大负载率(%)	户均容量(kVA)	降低损耗(kW·h)
10KV红南线四区分线14号杆	5	S11-160/10	3,242	1	200	3	8	32.0	SJ_100	1	27	4	12	20.0	174
北四区分线4号杆北四区3号柱上变压器	89	S11-315/10	3,005	1	352	1	4	3.5	SJ_100	1	27	4	12	1.1	325
北四区分线7号杆北四区4号柱上变压器	88	S11-315/10	5,294	2	352	2	8	3.6	SJ_100	2	27	7	26	1.1	325
大医院北台支线02号杆柱上变压器	133	S11-M-315/10	7,800	4	355	3	11	2.4	SH12-M-160/10	8	74	7	21	1.2	277
东异分线6号杆东异北台柱上变压器	126	S11-M-315/10	13,809	11	356	6	11	2.5	SH12-M-125/10	34	63	15	29	1.0	269
东异南台分线1号杆柱上变压器	103	S11-M-315/10	12,617	9	356	5	13	3.1	SJ_100	9	27	17	40	1.0	329

图 5-28 配电变压器经济运行调整

系统推荐的变压器型号和容量，是从变压器型号表里根据具体参数来选择的。用户也可以指定使用什么型号的变压器，系统会自动计算出最合适的容量。

（3）主变压器经济运行曲线（见图 5-29）。通过计算掌握临界负荷的大小，对于在不同负荷情况下，运行方式的选择具有直接的指导价值，能够有效地降低主变压器的损耗。

（4）变电站最佳位置选址（见图 5-30）。在系统计算变电站的最佳位置时，把线损率最低当作最优条件。最佳位置不是单纯的地理层面的中心，而是跟每一台配电变压器的型号、容量和负荷大小有关。系统可以一次计算出多个位置，并且按照顺序给出每个位置的理论线损率。

在位置的选择范围上，系统提供了以下三个选项：①全范围。在整条线路中选择最佳位置。②仅在选择范围内。计算前用户先在图形上选择部分区域，计算时系统只在这部分区域内选择。此选项适用于实际线路受到地理条件的限制。③拆分出选择范围。计算前用户先在图形上选择部分连续的区域，计算时系统把这部分区域当作单独的一整条线路，然后进行最优位置的计算。此选项适用于把原来的线路拆分出新的线路。

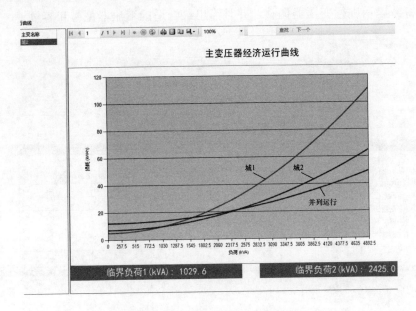

图 5-29　主变压器经济运行曲线

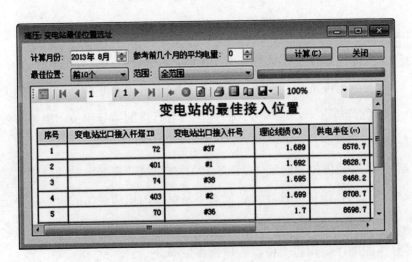

图 5-30　变电站最佳位置

对于此项功能，需要说明的是：

1）对于实际线路，变电站最佳位置计算更多的是起到理论指导的意义，可以帮助用户了解变电站的位置对于线路线损的影响程度。

2）对于新建线路，由于此时各配电变压器还没有电量，因此在计算前，可以使用"编辑电量数据"来手工录入预期的电量。

（5）单相变压器最佳接入相位（见图 5-31）。系统在线损理论计算时，支持对单相变压器的损耗计算。同时，在一条线路上新增一台单相变压器时，系统提供最佳接入相位的计算。

使用此项功能时，要求对配电变压器的计量是分相计量，而且不同配电变压器的相别标识要求和线路首端是一致的。

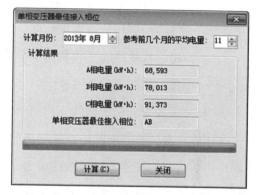

图 5-31　单相变压器最佳接入相位

（6）低压三相不平衡调整（见图 5-32）。低压三相不平衡问题是一个普遍存在的问题，是导致低压线损率较高的主要原因。系统提供了最优的三相不平衡调整方案。

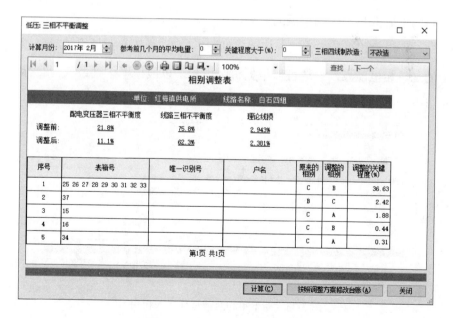

图 5-32　低压三相不平衡调整

为了解决重配变轻线路的常见问题，提出"线路三相负荷统计不平衡度"

的新概念，具体计算公式为

$$\varepsilon = \frac{\sum\limits_{i=1}^{n} \varepsilon_i l_i p_i}{\sum\limits_{i=1}^{n} l_i p_i} \times 100(\%)$$

式中　ε——线路的三相负荷不平衡度；

　　　ε_i——每一档线路的三相负荷不平衡度；

　　　l_i——每一档线路的长度；

　　　p_i——流经每一档线路的三相电量之和。

在计算相别调整方案时，系统遵循的原则包括：①保持现有线路的线制不变，单相两线制的线路不需要改造成为三相四线制；②以调整后整个台区的线路损耗达到最低为目的，同时兼顾降低配电变压器的三相不平衡度。

考虑到电量随着月份的变化，计算月份应该选择采用连续几个月的平均电量。

调整程度可以在"初步""中等"和"完全"之间选择，调整程度越高，需要调整的地方就越多，调整后的效果就越好。

（7）新增单相负荷最佳接入相别（见图 5-33）。低压有业扩报装时，如果新安装的是单相电能表，系统可以根据台区现状，以线损率达到最低为目标，计算出该电能表的最佳接入相别。

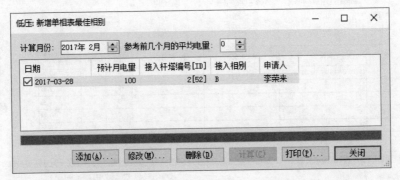

图 5-33　新增单相负荷最佳接入相别

（8）变压器最佳接入位置（见图 5-34）。计算变压器的最佳接入位置，是在不改变线路现状的条件下，以达到最小线损率为目标进行计算的。

图 5-34 变压器最佳接入位置

受地理条件的限制，有时变压器未必能够接入到最佳的位置，因此系统给出多个位置以供选择。例如选择计算前 30 个位置，计算完成后系统按照理论线损率的大小顺序显示计算结果，并且会在图形上标明位置。

与计算变电站的最佳位置相同，在选择范围上也有以下三个选项：

1）全范围。适用于在整个台区中选择。

2）仅在选择范围内。适用于在指定区域中选择。

3）拆分出选择范围。适用于拆分台区。

如果是在计划建造的台区选择变压器的位置，此时因为还没有各电能表的电量，可以使用"电量数据编辑"来输入预估的电量，也能计算出变压器的最佳位置。

（9）电压调整（见图 5-35）。在线损理论计算时，可以计算出线路中各个节点的电压大小。因此，在线路首端施加不同的电压时，系统可以分别计算出线路中最低电压的大小，对于选择线路首端的电压，具有一定的指导价值。

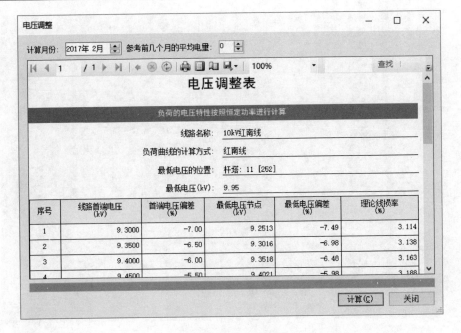

图 5-35　电压调整

（10）导线置换（见图 5-36）。在线损理论计算时，由于采用了分时的潮流算法，因此可以计算出最大负荷时线路的电流大小，同时根据导线的型号计算出允许的安全电流，如果最大电流超出安全电流，系统将会提出"更换导线"的降损建议。系统降损功能菜单见图 5-37。

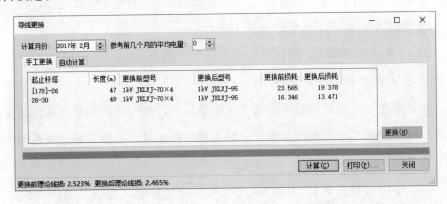

图 5-36　导线置换

除了"自动计算"之外，系统还可以进行"手工置换"。方式是先在线路上选择需要置换的线路，然后把这些线路分别置换为选择的导线型号，从而可以比较置换后的降损效果，为线路的改造提供科学参考。

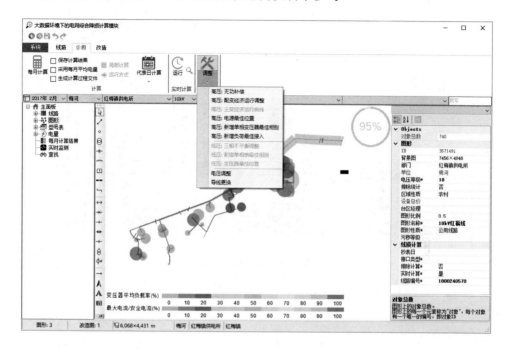

图 5-37 系统降损功能菜单

5.4.3.6 线损统计与分析

线损的统计与分析是线损管理工作的重要环节，通过全面、正确和及时的线损统计与分析，可以及时发现问题，明确重点，加快降损工作的开展。系统为用户提供了丰富的线损统计与分析报表。线损统计分析见图5-38。

（1）所有统计报表格式统一、规范，可以导出到 Excel 或者 PDF 文件。

（2）突出降损主题，例如在线路和台区月报表中显示降损建议，在报表种类中添加重点降损线路、重点降损台区、重点三相调整台区等。

（3）包含电量异常波动统计表，科学指导用电检查工作。

（4）统计方式全面，包括按月、季度、年度、任意选择的时间段。

（5）报表格式灵活，可以按照所需字段进行排序。

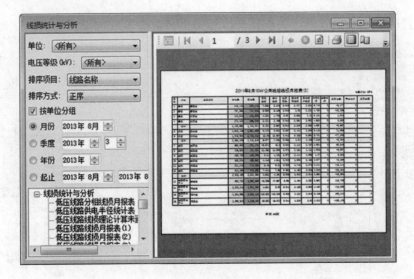

图 5-38　线损统计分析

第6章

物联网应用示范工程建设

配网资产点多面广，设备全寿命周期管理难度大，且配网设备在线监测手段不足，传统的状态评价手段难以满足配网设备状态检修的需要。开展电力物联网深化应用，能有效解决配网设备运行管理、状态检修手段不足等问题，丰富城乡一体化居民用户用电信息采集手段，完善电力物联网信息感知、信息传输和典型应用场景，支撑智能电网建设。

6.1 建设必要性

6.1.1 配网设备在线监测手段不足

随着电力行业信息技术的迅猛发展，配电设备运行状态信息的获取手段正在逐步改进和完善。但是相对于主网而言，配网在通信网络、信息采集、系统应急和调度运行等方面还存在诸多的问题：①配网设备的在线监测手段不足，缺乏设备运行状态信息，配网调度处于"盲调"状态；②配网的投入不足，配套通信网络设施薄弱；③配电设备众多、点多面广，传统监测通信手段成本巨大。

6.1.2 传统的状态评价手段难以满足配网设备状态检修的需要

随着配电网规模的不断扩大，配网设备数量越来越多，检修人员与设备之间配比失衡，检修工作量越来越大，已成为制约电力系统效益增长和工作效率提高的重要因素之一。由于缺乏必要的技术手段来支撑配网的状态检修工作，导致在人员有限的情况下，检修单位难以及时完成任务，降低了配电网的运行可靠性和服务水平。如何将传统的检修方案科学地转换到智能型检修方式，是当前需要解决的实际问题。

6.1.3 配网资产点多面广，设备全寿命周期管理难度大

从配网设备的管理现状看，虽然推行了资产全寿命管理功能，但由于没有相应的电子化标识和技术手段作为支撑，难以实现配网设备"账、卡、物"的一一对应。另外传统的手工盘点工作量大、效率低，难以彻底地完成配网设备盘点工作。配电线路规划、建设、生产等各个阶段由各部门分头进行管理，导致规划、设计和采购上仅注重对初期投资的控制，而对整个电网在全寿命周期中效益和成本缺乏统一考虑；在生产上单纯追求运行的安全性、可靠性，并降低维护投入；检修部门较早地更换设备，在管理上缺乏精细的运行成本核算。在日常巡检和资产盘点方面，主要依靠人工查看设备铭牌来进行台账盘查，费时费力且效率低下，如果通过现场作业终端对绑定了 RFID 的设备进行自动识别，可以快速获取设备资产信息及设备的全寿命周期状态，提高配网设备的盘点效率。

6.1.4 用电信息一次采集成功率有待进一步提高

用电信息采集系统建设的目的是减少人工抄表成本，降低线损，提高电力行业的整体服务水平；同时，利用采集终端上传的信息，开展变压器的负荷统计和可靠性统计，为生产运行服务。用电信息采集系统主要采用图 6-1 网络拓扑形式。

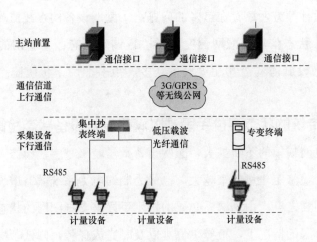

图 6-1　用电信息采集网络拓扑图

通信方面，涉及采集器的传输方案为：低压用户（单相电表）和采集器之间采用 RS485 半双工通信；采集器和采集终端之间采用载波半双工通信。

（1）由于低压用户侧采用窄带载波通信，信道传输带宽较窄，导致主站接收到的低压用户数据在时间上滞后；低压用户数据的抄通率低，往往需要多次补抄甚至人工补抄来完善数据，一次采集成功率需要进一步完善提高。

（2）所用的载波通信功率一般是 3～5W，有的甚至达到了 8W，增加了线损，造成了能源浪费，同时也污染了电力线信道环境。

6.2　建设内容

依据电力物联网应用需求及总体架构，在河南鹤壁供电公司滨#10、滨#13、滨#19 等 16 条 10kV 配电线路开展配网设备在线监测、状态检修、设备全寿命周期管理，在鹤源二区小区开展用电信息采集物联网应用示范建设工作。主要示范内容及示范场景见图 6-2。同时结合鹤壁物联网应用示范工程建设成果，针对电力物联网采集数据、用电信息采集系统等多数据源数据，开展配电网降损技术研究与应用。

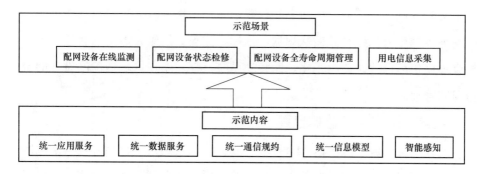

图 6-2　主要示范内容及示范场景

6.2.1　配网设备在线监测

选取 10kV 配电线路的柱上变压器、箱式变电站、柱上开关、电缆分支箱、环网柜、杆塔等配电设备，通过安装无线温度传感器、无线温湿度传感器、无线水浸传感器、高清视频、无线门磁传感器、10kV 智能避雷器、无线杆塔倾斜传感器、无线电缆屏蔽层泄漏电流传感器、无线电缆屏蔽层环流电流传感器、无线智能零序电流传感器、无线故障电流传感器、无线噪声、配电变压器综测骨干节点传感器等十三种传感器，采集配电设备的运行环境和状态数据。利用传感器无线通信模块，将采集数据经无线自组网传输至物联网通信终端 ONU，再经电力信息专网传输至主站服务器。通过在线监测配网设备运行环境和运行状态，为配网设备的在线分析、运行管理、故障预警、故障定位等业务开展提供支撑，提高配网设备运行管理水平。

6.2.2　配网设备状态检修

通过采用基于自动识别技术的无线手持现场作业终端实现设备的快速识别和定位，在线查看配网设备台账信息、运行信息、故障记录、检修记录等，对配网设备运行状态开展现场评价，为配网设备状态检修工作提供数据支撑。

6.2.3　配网设备全寿命周期管理

按照国家电网公司相关物资编码标识规范，在示范区域内的配网设备上安装 RFID 标签建立设备标识。标签采用半有源供电方式。现场作业终端采集 RFID 设备标识信息，通过 GPRS 无线公网通信方式经安全接入平台访问系统主站，获取设备台账信息和运行监测信息，建立与电力 TD-LTE 通信专网方式信息交互接口。建立健全配网设备台账信息，实现 RFID 信息与设备编码、资产编码一一对应，建立涵盖从规划、招标、建设、运维、改造、转移、退役、报废等设备运行状态的电子化辅助管理系统，探索实现区域内配网设备的全寿命周期管理。

6.2.4　用户用电信息监测

选择鹤壁鹤源二区小区 11 栋楼共 328 户居民用户，探索开展基于短距离无线自组织网络技术的用电信息采集示范应用，克服低压载波干扰大、信息传送误码率高的缺陷。采集器通过 RS-485 数据接口采集用户电表电压、电流、有功等信息，通过无线自组织网络将数据传输至小区数据集中器，集中器通过 GPRS 方式将数据传输至省公司用电信息采集系统主站。

6.2.5　物联网综合应用系统

按照电力物联网应用需求及总体架构，遵循国家电网公司智能电网建设规范和安全要求，围绕配网设备在线监测、配网设备状态检修、配网设备全寿命周期管理及用电信息采集管理等功能应用，开发物联网综合应用系统。

6.2.6　信息安全防护

遵循电力信息安全防护要求，从终端设备、通信网络、主机系统、应用安全、边界安全等五个层次对工程进行安全防护设计。其中，传感器、移动手持终端、基站等采用高保密性芯片，监测数据使用 AES128 方式进行加密，数据汇聚控制器中加装防火墙措施。利用鹤壁公司信息中心防火墙实现物联网示范应用系统与用电信息采集、PMS 和 GIS 等系统的数据安全交互，利用正向型物理隔离装置实现与配电自动化系统的数据安全交互。

6.3　建设方案

6.3.1　总体架构

电力物联网的总体架构以国家电网公司"SG-ERP"总体架构为基础，主要包括感知层、网络层和应用层三个层面。其中感知层用于实现各环节数据的统一感知与表达，建立统一信息模型，规范感知层的数据接入，是对 SG-ERP 架构的补充和完善。网络层将不同的通信技术屏蔽，按照规范化的统一通信规约实现对数据的传送，丰富了 SG-ERP 架构。应用层完全遵循 SG-ERP 的体系架构，将多种数据信息统一管理并向外提供统一的数据服务，支撑各类业务应用，基于统一应用平台，开发各类电力物联网应用服务，以供其他业务系统调用。

感知层主要利用各种传感识别设备来实现信息的采集、识别和汇集。其重点是实现统一的信息模型，具体包括统一标识、统一语义以及统一数据表达格式等多个方面。

网络层主要负责对感知层获取信息的承载和传输。在实际应用中，传感器与汇聚节点间大多通过微功率无线通信等技术实现互联，以解决信息采集覆盖及灵活性问题，汇聚节点与接入网关之间通过光纤网络、PLC、无线宽带等技术互联，解决信息远距离传输及可靠性问题。

应用层基于国网 SG-ERP 架构，研究电力物联网的统一数据模型，实现发布统一的数据服务并封装系统功能，为现有业务系统提供各类的统一应用服务，也可以为其他业务系统提供更高等级的服务功能。物联网示范应用工程总体架构图见图 6-3。

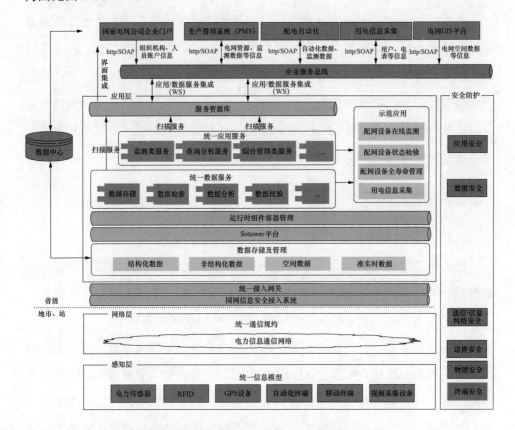

图 6-3　物联网示范应用工程总体架构图

6.3.2　应用架构

应用架构是根据对业务需求的抽象分析，将系统划分为基础支撑功能、统一应用（数据）服务以及专题应用等模块，如图 6-4 所示。

（1）基础支撑功能。基础支撑以 B/S 方式实现对电网监测模型、权限等各类系统数据的配置和管理，感知终端设备信息的维护以及设备运行的监控管理，形成系统运行所需的各类基础模型数据和监测相关的基础数据。通过提供组件生命周期管理、组件安全管理以及服务管理，为上层提供可插拔的服务组件运行容器。

（2）统一数据服务和统一应用服务。通过对多源数据进行统一的存储和管

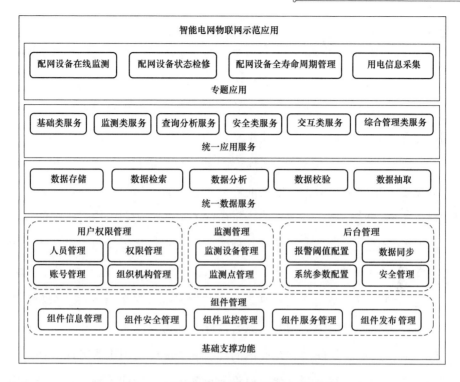

图 6-4 智能电网物联网示范应用架构图

理,并基于此对数据进行加工处理,以满足企业信息架构的信息服务和多业务集成支撑的需求。根据对示范应用的业务功能架构分析,可将应用服务概括为基础类服务、监测类服务、查询分析类服务、安全类服务、交互类服务和综合管理类服务六大类。各业务应用可以通过 ESB(企业服务总线)来调用示范应用对外发布的服务。

1)监测类:服务提供设备状态、设备运行环境等多项监测数据,并能够进行设备故障主动发现和隔离等功能,补充完善了 SG-ERP 生产管理、运行管理中的设备监测项目,提升了 SG-ERP 生产管理的自动化和运行管理互动化水平,提高了电网的管理效率和运行效率。

2)交互类:服务以传感识别和定位技术为基础,提供智能巡检、现场作业支持、导航、资产定位等服务,实现对配网设备、电缆、辅助设施的侵害分类与区域定位,实现工作人员的识别、监测与管理,实现资产的全方位实时跟踪,形成实时、双向、互动的信息通信网络,提高电网生产运行的管理效率和安全性。

3）查询分析类：服务通过对物联网数据、生产数据等内容进行联合多维分析、挖掘和转换，从管理角度客观分析一线生产设备的真实指标，评价经济效益，完善后评估机制，有力提升了 SG-ERP 物资管理的信息化水平、财务管理的精细化水平、规划计划的科学化水平。

4）综合管理类：服务对外提供资源定位、标识监控、用电信息采集、用电数据应用等多项服务，增强了电网的综合服务能力，加强用户与电网之间的信息集成共享和实时互动，进一步改善了电网的运营方式和用户对电能的利用模式，提升 SG-ERP 营销管理、运行管理的服务水平与供电质量，提高终端用户用能效率。

5）安全类：服务通过多智能传感装置协同感知以及后台的综合分析，进行电网设施外力破坏和故障的预警与报警，保障电力安全生产。

（3）示范应用。物联网示范应用的建设涵盖配网与用电等方面。在配电环节建设"配电设备在线监测、状态检修及设备全寿命周期管理"，充分利用无线传感网络的优势，提升现场作业的信息化水平，有效地指导现场工人的工作，降低配网的运维成本。通过基于无线通信的"用电信息采集"，提高用电信息采集率，减少电力线污染，降低线损。通过一系列物联网示范应用的系统建设，综合提升试点单位的生产管理、运行管理、物资管理、资产管理等方面的运营及服务水平，支撑 SG-ERP 的深度业务融合，验证物联网统一应用服务的体系架构。

（4）应用集成。通过对已有的业务系统与物联网示范应用在设备信息、系统应用等多方面一致性存在的集成需求分析，与外部系统相互集成和引用的已有业务系统包括：生产管理系统（PMS）、配电自动化系统、用电信息采集系统、电网 GIS 平台、统一视频监视平台、国家电网公司企业门户、数据中心、国家电网信息安全接入系统等。物联网示范应用与其他应用系统集成的方式有数据集成、应用集成、界面集成三种方式。其中数据集成和应用集成必须通过企业服务总线（ESB），而目前界面集成仅限于在不跨越正反向隔离装置的安全区域内进行。应用集成的架构如图 6-5 所示。

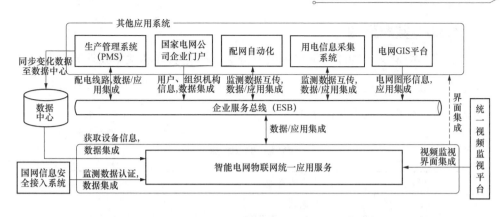

图 6-5 应用集成架构图

物联网示范应用与生产管理系统、配电自动化系统的集成：一方面物联网示范应用通过企业服务总线从生产管理系统获取电力设备台账数据；另一方面生产管理系统、配电自动化系统可以通过物联网示范应用统一数据服务，获取电力设备的监测数据，及时了解电力设备的实时信息，如，电缆沟水浸状态、配电设备故障监测、电缆接头温度、环网柜水浸等。集成方式包括：数据集成、应用集成和界面集成。既可以通过物联网示范应用统一应用服务进行数据集成，也可以直接实现界面集成。

物联网示范应用与运维信息综合监管系统集成方式包括数据集成、应用集成，也可以通过物联网示范应用统一应用服务进行数据集成或界面集成。

在获取其他已有平台技术支撑方面，主要包含以下集成内容：

1）通过企业服务总线从国家电网公司企业门户目录系统中获得用户与组织机构信息，供界面集成时实现统一的权限认证。

2）通过企业服务总线从电网 GIS 平台中获得电网图形数据，以调用典型应用框架方式进行与 GIS 集成，使设备故障定位 GIS 展现更加直观；利用电网 GIS 平台三维引擎，构建三维仿真应用。

3）通过调用界面方式获得统一监视平台的视频监控操作，结合视频监视界面实现设备实时视频与设备监测实时数据进行同步展现。

4）通过安全接入平台对监测设备及数据传输进行安全管理与审查，并将经过安全验证的数据信息存储到省公司的数据中心中。

6.3.3　数据架构

数据架构定义了物联网框架的数据分类、数据获取和数据处理等内容。目标是为示范应用提供数据服务，可以针对其所需要的数据源实现数据收集、处理和接入。数据架构表见表6-1。

表 6-1　　　　　　　　　　　**数 据 架 构 表**

数据域	人力资源	
数据主题	组织	
系统架构：数据实体	数据架构：数据实体	遵从说明
组织机构	部门信息属性数据	细化
数据域	人力资源	
数据主题	人员	
系统架构：数据实体	数据架构：数据实体	遵从说明
人员账号	人员信息属性数据	细化
数据域	设备	
数据主题	设备管理	
系统架构：数据实体	数据架构：数据实体	遵从说明
监测点数据	监测点信息属性数据	细化
监测点关系数据	监测点关系数据	细化
配电属性数据	配电设备信息属性数据	细化
用电资源属性数据	用户信息、电表信息	细化
感知设备台账数据	环境类感知设备信息属性数据、安防类感知设备信息属性数据、运行类感知设备信息属性数据、标识类感知设备信息属性数据	细化
数据域	设备	
数据主题	运行环境	
系统架构：数据实体	数据架构：数据实体	遵从说明
专题应用数据	配网线路应用功能数据实体属性数据、用电信息采集应用功能数据实体属性数据	细化
数据域	设备	
数据主题	传感网	
系统架构：数据实体	数据架构：数据实体	遵从说明
感知设备采集数据	实时数据实体属性数据、历史数据实体属性数据	细化
专家库数据	分析引擎实体属性数据、上报规则实体属性数据	细化

智能电网物联网示范应用的数据按照应用特点分为：平台管理数据、电网设备台账资源、感知层设备台账资源、监测点管理数据和采集数据。其数据架构如图 6-6 所示。

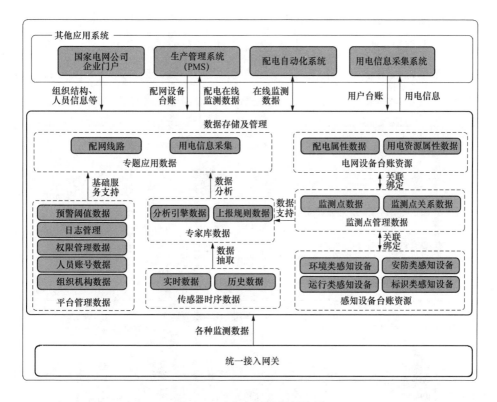

图 6-6 示范应用数据架构图

6.4 物联网综合应用系统

6.4.1 建设内容

物联网综合应用系统按照国家电网公司的"四统一"和 SG-ERP 的标准对物联网综合应用系统主站进行建设，应用功能包括配网设备的在线监测、配网设备的状态检修和配网设备全寿命周期管理，并通过接口在配网生产抢险指挥平台上发布监测信息。

6.4.2 网络架构

在遵循国家电网公司智能电网建设规范和安全要求基础上，结合鹤壁配电自动化系统，开发物联网应用示范工程综合应用系统。物联网综合应用系统采用一级部署（鹤壁市）、多级应用（省、市、站）的模式。在配网方面，通过监测装置获取的传感器数据经汇聚控制器传输至采集服务器进行数据加工、转换、融合，处理之后的监测数据存储在数据库服务器，并在应用服务器进行分析展示。在用电信息采集方面，通过集中器将采集器获取的智能电表相关数据汇聚至用电信息采集主站，获取主站的一次采集成功率等数据，在物联网综合应用系统进行展示。物联网应用示范工程总体网络架构图见图6-7。

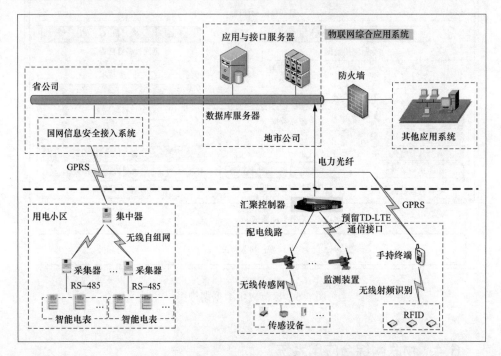

图6-7　物联网应用示范工程总体网络架构图

系统针对省电力公司已预留数据交互接口，可以通过接口将数据汇聚到省公司进行集中处理、展现，实现在省公司一级部署，省、地市公司二级应用。

6.4.3　功能设计

主站系统功能主要包括以下三个方面：

（1）配电设备在线监测与状态检修、设备全寿命周期管理。通过架设无线自组织网络，针对配电网络中的环网柜、分支箱、箱式变电站、柱上开关等配电设施的数据进行实时采集、存储，从而建设配电设备监测系统，集配电设备状态监测、环境监测、故障监测、移动巡检管理、设备全寿命周期管理等功能于一体。满足智能配电网自动化发展的要求，实现配电网的自愈和互动，缩短故障处理时间并提高设备运行管理水平。

软件开发的功能如表 6-2 所示。

表 6-2　　　　　　　　　　软件开发功能表

序号	软　件　功　能	
1	配网设备在线监测	设备温度监测
		门开关监测
		杆塔倾斜监测
		避雷器泄漏电流监测
		配电变压器运行综合监测
		配电线路故障监测
2	配网环境状态监测	环境温湿度监测
		水浸状态监测
		噪声监测
3	配网设备防盗监测	配电室防盗监测
		环网柜防盗监测
		分支箱防盗监测
		箱式变压器防盗监测
4	配网设备状态检修	现场设备识别
		现场设备运行信息查看
		现场作业
5	配网设备全寿命周期管理	全寿命周期信息维护
		全寿命周期信息查询

（2）用电信息采集效果展示。从用电信息采集系统获取试点区域用户用电信息采集成功率，分析评估无线自组织网络通道运行状况。

（3）物联网节点状态在线监测。获取传感设备采集周期及最新采集数据时间，分析出传感设备的在线/离线状态，并在系统进行直观展示。

系统接口如表 6-3 所示。

表 6-3 系　统　接　口　表

名称	内　容
PMS 系统数据接口	通过 PMS 系统获取被监测配网设备的台账数据，并结合设备的监测数据进行关联展示
二维 GIS 平台数据接口	通过二维 GIS 对设备监测数据进行全景展示，并能定位配电线路故障区域
配电自动化系统数据接口	通过获取配电自动化系统的相关监测数据，丰富监测数据种类，为数据分析、数据融合提供基础数据
用电信息采集系统数据接口	通过获取用电信息采集系统主站的一次采集成功率等统计数据，在物联网综合应用系统中进行展示
ERP 系统数据接口	通过获取 ERP 中设备物资编号作为配网设备 RFID 标识编码，以达到编码标识统一

6.4.4　信息安全防护

物联网示范工程信息安全措施遵循电力信息安全防护要求，分别从终端设备、通信网络、主机系统、应用安全、边界安全五个层次上进行安全防护设计，实现纵深防御。安全防护体系见图 6-8。

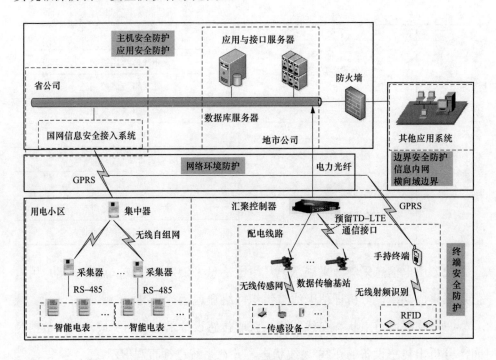

图 6-8　安全防护体系

6.4.4.1 终端设备安全

终端设备包括传感器、数据传输基站、RFID、手持终端、智能电表、采集器、集中器。传感器、基站等传感设备采用高保密性芯片；应用扩频通信技术，具有抗干扰、抗阻塞的安全特性；监测数据使用 AES128 进行加密，实现数据安全；移动手持终端内置加密芯片，实现数据安全传输。

6.4.4.2 通信网络安全

涵盖配用电环节，使用的网络通信方式有 GPRS 和电力光纤。

（1）采用 GPRS 通道接入的节点，并按照国网信息安全接入系统的要求进行防护，保障通信安全。

（2）汇聚控制器内置病毒防火墙，实现与内网数据、物联网采集数据的隔离防护。

（3）采用电力光纤通道接入的节点，数据均在电力内网III区传输，保障交互安全。

6.4.4.3 主机系统安全

（1）对主机操作系统进行加固，并设置身份认证措施，制定用户安全访问策略；

（2）重要主机加装主动防御模块，启用病毒监测、登录审核、入侵记录监测，全面实现数据层面的安全审计；

（3）数据库采用定时备份策略，保障数据存储安全。

6.4.4.4 应用安全

（1）在主站端采用数据中心防火墙装置，保障数据安全；

（2）设置客户端访问控制策略，获得授权的电力内网客户端才可以访问服务器。

6.4.4.5 边界安全

边界安全防护建设包括主站系统与其他系统的边界防护，以及与信息外网之间的边界防护。

（1）主站系统与信息外网之间的数据交互通过与信息安全接入系统进行接入，保障信息安全。

（2）主站系统与配电自动化系统、用电信息采集等系统进行数据交互，如有涉及跨区访问，需遵循二次系统安全防护要求，通过物理隔离装置进行访问，保障数据传输安全。

（3）采用防火墙进行访问控制，采用入侵监测系统进行入侵防护，部署非法外联系统防御隐性边界。

6.5　建设成效

（1）形成配电网传感器典型配置方案，对配网设备实时全面感知。实现了对现场设备的温度、湿度、噪声、故障电流、倾斜、水淹、门禁等运行情况的全面监测，在办公室就能全面感知现场设备的安全工况。

1）变压器：16 个温度传感器（高压侧进/出线 3 个/4 个，综合配电箱进出线各 4 个，变压器壳体 1 个）、1 个配电变压器综测骨干节点（或一个无线数据传输基站）、部分负荷较严重的可安装 1 个噪声传感器、多雷区安装 1 组（3 个）智能避雷器。

2）柱上断路器：6 个温度传感器（高压侧 3 个、低压侧 3 个）。

3）柱上隔离开关：6 个温度传感器（高压侧 3 个、低压侧 3 个）。

环网柜/分支箱/箱式变压器：安装 N（N 代表出线条数）组温度传感器（每组 3 个）、1 个环境温湿度传感器、1 个无线数据传输基站。

4）箱式变压器：安装多组温度传感器（每组 3 个）、1 个环境温湿度传感器、1 个无线数据传输基站、1 个噪声传感器（负荷重、趋于老化的变压器）。

5）架空线路（有用户分支线进出的）：安装 1 组故障电流传感器（每组 3 个）、1 个故障电流传输基站。

6）配电线路杆塔：部分处于路中间、复杂地段、杆上有重要设备的安装 1 个杆塔倾斜传感器。

7）开闭所：在电缆沟和所内低洼处安装 3～5 个无线水浸传感器、10kV 进出线处安装温度传感器（每回 3 个）、3～5 个无线温湿度传感器、1 个无线门磁传感器。

（2）改变了线路巡视方式。通过应用平台，在办公室就能全面获知现场设备的运行工况，变月巡视为在线监测，可以大幅度减少现场巡视次数。线路按周期巡视变为每日在线监视。

（3）隐患及时预警和消除。2015 年迎峰度夏期间，该系统提供了 30 余起热噪隐患数据，由于处理及时，避免了设备烧坏带来的损失，确保了设备安全可靠供电。

（4）发挥了数据支撑作用。为三相不平衡负荷调整提供依据。利用故障电流传感器对导线电流的实时监测，可以及时发现线路某段区域存在三相负荷不平衡问题，警示工作人员对严重不平衡区域实施调整工作，从而消除了隐患；为状态评价提供有效数据。物联网系统中的无线测温、无线测噪等数据，为状态评价工作提供了数据补充，取得了良好的效果。

参 考 文 献

[1] 王权. 无线传感器网络目标跟踪关键技术研究 [D]. 西安：西北工业大学，2007.

[2] 秦理. 基于无线射频识别的电力设备全寿命周期管理 [J]. 南方电网技术，2014，8（3）：119-123.

[3] 张晖. 我国物联网体系架构和标准体系研究 [J]. 信息技术与标准化，2011（10）：4-7.

[4] 吴亚林. 物联网用传感器 [M]. 北京：电子工业出版社，2012.

[5] 苏斓，张庚. 基于物联网技术的电力资产全寿命周期管理系统研究及应用 [C]. 电力通信管理暨智能电网通信技术论坛. 2013.

[6] 薛刚，徐伟群.《欧盟物联网行动计划》对我国物联网发展的启示 [J]. 江苏通信，2010，26（1）.

[7] 卢涛，尤安军. 美、欧、日、韩等国物联网产业的发展战略及其对我国的启示 [J]. 科技进步与对策. 2012（29）.

[8] 刘建明. 物联网与智能电网 [M]. 北京：电子工业出版社，2012.

[9] 徐桢. 光伏并网发电对电网系统负面影响 [J]. 中国科技信息，2014（23）：47-48.

[10] 易国键. 浅谈 RFID 技术在物联网领域中的应用 [J]. 科学与财富，2011（7）：424-425.

[11] 陈春东，王云林，雷霆，等. 一种智能数据采集和控制终端及带有其的物联网系统. CN103123485A [P]. 2013.

[12] 李小春. 传感器信号调理电路电磁兼容性研究 [D]. 成都：电子科技大学，2008.

[13] 赵祎诚. 基于 0.13μm 工艺 RFID 系统 tag 中的 ASK 解调技术 [D]. 苏州：苏州大学，2011.

[14] 王晓鸣. ZigBee 技术简介 [C]. 中国通信学会无线及移动通信委员会、IP 应用与增强电信技术委员会 2007 年度联合学术年会. 2007.

[15] 王卫东. 配电网运营中的安全管理问题研究 [J]. 科学时代，2013（17）.

[16] 王鹏，冯光，周宁，等. 智能配电网关键技术探讨 [J]. 电器与能效管理技术，2016

（5）：1-7.

[17] 尤毅，刘东，于文鹏，等．主动配电网技术及其进展［J］．电力系统自动化，2012，36（18）：10-16.

[18] 赵波，王财胜，周金辉，等．主动配电网现状与未来发展［J］．电力系统自动化，2014，38（18）：125-135.

[19] 徐丙垠，李天友，薛永端．主动配电网还是有源配电网？［J］．供用电，2014（1）.

[20] 李轶鹏．智能电网中的需求侧响应机制［J］．江西电力，2012，36（6）：55-58.

[21] 王华．关于配网自动化主站系统现状与展望［J］．通讯世界，2013（15）：57-58.

[22] 海发红．物联网技术在智能电网中的应用［J］．科技信息，2011（33）.

[23] 吴巍．物联网与泛在网通讯技术［M］．2012.

[24] 蒋漓．NB-IoT 在智能水务的应用［J］．广东通信技术，2018（07）.

[25] 刘强．物联网关键技术［J］．计算机世界，2010（37）：06

[26] Klaus Finkenzeller，RFID handbook: fundamentals and applications in contactless smart cards，radio frequency identification and near-field communication [M]. 2010.

[27] Chun-Chen Chen, Intelligent power distributing system for charging station [J]. 2018.

[28] 王成山．智能配电网的新形态及其灵活性特征分析与应用［J］．电力系统自动化，2018（10）.

[29] Jayavardhana Gubbi, Internet of Things (IoT): A vision, architectural elements, and future directions [J], Future Generation Computer System. 2013 (29-7): 1645-1660.

[30] 沈苏彬．物联网的体系结构与相关技术研究［J］．南京邮电大学学报，2009（29）.

[31] 鞠平．电力工程［M］．北京：机械工业出版社，2009.

[32] 龚刚军．面向智能电网的物联网架构与应用方案研究［J］．电力系统保护与控制，2011（20）.

[33] 张海龙．新型模组化用电信息采集终端设计与应用［J］．电力信息与通讯技术，2018（2）.

[34] 陈盛．电力用户用电信息采集系统及其应用［J］．供用电，2011（4）.

[35] 陆馨．基于物联网的输电线路检测方案［J］．电力电子技术，2010（4）.

[36] 叶全．无线传输网与传感网融合的物联网应用技术研究［J］．电子技术与软件工程，2017（02）.

[37] 国家电网公司. 国家智能电网管理物联网应用示范工程建设工作报告 [R]. 2015.

[38] 李云鹏. 基于物联网技术的用电侧移动营销系统设计 [J]. 电子工程技术, 2015（05）.

[39] 汪曙光. 基于无线传感网的物联网应用技术研究 [J]. 电子世界, 2017（20）.

[40] 王俊霞. 电动汽车换电智能监控系统的改进 [J]. 电力系统保护与控制, 2018（10）: 81-87.

[41] 李剑明. 基于用电信息采集系统对居民用户低电压监测的研究 [J]. 电力信息与通信技术, 2018, 16（2）: 23-27.

[42] 严辉. 电动汽车充电站监控系统的设计与实现 [R]. 中国新能源网, 2016.

[43] 斯托林斯. 密码编码学与网络安全: 原理与实践 [M]. 北京: 电子工业出版社, 2015.

[44] 石志国. 计算机网络安全教程 [M]. 北京: 清华大学出版社, 2004.

[45] 胡江溢. 用电信息采集系统应用现状及发展趋势 [J]. 电力系统自动化, 2014, 38（2）: 121-135.

[46] 丁超. IoT/CPS 的安全体系结构及关键技术 [J]. 中兴通讯技术, 2011（1）.